读客

读客经管文库

长期投资自己，就看读客经管。

更重要的是过好今天

戴建业、刘擎等9位宝藏老师给年轻人的建议，只要过好今天就能过好一生！

bilibili 编著

学林出版社

图书在版编目（CIP）数据

更重要的是过好今天 / bilibili编著. -- 上海：
学林出版社，2024
ISBN 978-7-5486-1992-5

Ⅰ. ①更… Ⅱ. ①b… Ⅲ. ①成功心理－通俗读物
Ⅳ. ①B848.4-49

中国国家版本馆 CIP 数据核字 (2024) 第 037965 号

责任编辑 李沁笛
特约编辑 王雨欣　洪　刚　何德泉
封面设计 江冉滢　陈艳丽

更重要的是过好今天

bilibili 编著

出　版 学林出版社
（201101　上海市闵行区号景路 159 弄 C 座）
发　行 上海人民出版社发行中心
（201101　上海市闵行区号景路 159 弄 C 座）
印　刷 三河市中晟雅豪印务有限公司
开　本 880 × 1230　1/32
印　张 8
字　数 15 万
版　次 2024 年 3 月第 1 版
印　次 2024 年 7 月第 3 次印刷
ISBN 978-7-5486-1992-5 / G · 766
定　价 49.90 元

宝藏老师
给年轻人的建议

更重要的是
过好今天

你活好今天就行了，
如果你今天为好多年以后在操心，
你还活不活啦？

——戴建业

更重要的是
过好今天

我们不要被一种叫“效率最优化”的
心态绑架了，
你在一个意义上最优化了，
一定在另外的地方没有做到优化。

——刘擎

更重要的是
过好今天
谁说数学老师不会讲英文，
谁说数学老师不会做视频，
谁说数学老师不会“讲段子”，
谁说数学老师不能做“网红”？
—— 宋浩

更重要的是
过好今天
很多时候人们说“文科没有用”，
不是文科没有用，而是你习得真正
属于文科生的能力了吗？
—— 杜素娟

更重要的是
过好今天
没有所谓的“完美选择”，
只有“适合当下的选择”。
与其不断寻找“标准答案”，
不如去寻找特定情境下的“最优解”。
—— 杨宁

更重要的是
过好今天
一个人最应该做的努力，
其实就是找到属于自己的使命，
这样才能不虚此生。
—— 欧丽娟

更重要的是
过好今天

有人问我“善良”是种能力吗？
我说当然了。
我们每个人都有100个理由去作恶，
而我保持了善良。
这难道不是一种能力吗？

—— 钱婧

更重要的是
过好今天

成功没有捷径，只有日积月累的努力。
无论什么本事，都需要从无到有、
从少到多、从浅到深的积累。

—— 史欣悦

人生没有标准答案

献给即将或已经毕业的年轻人：

也许未来再也不用考试，我们却依然执着于找到人生的“最优解”——

杜素娟

我的人生走到今天，回头看，发现自己是一路“上当”过来的。

钱　婧

不要过度地美化选择，大部分人的选择其实都是调整出来的。

史欣悦

无论什么本事，都是积累出来的，从来没有魔法和捷径。

抱歉，我们可能无法提供标准答案，但有一些经验，我们愿意毫无保留地分享——

戴建业

不能从事理想中的工作怎么办?

刘　擎

我们应该如何面对孤独?

欧丽娟

选择大城市还是小城市?

人生是旷野，慢慢走，可能殊途同归——

罗　翔

人生的“高光一刻”和暗淡时刻在本质上毫无意义。

宋　浩

目标总是最优的，但结果一般是次优的。

杨　宁

到底是要赢过别人，还是要无悔一生?

如果我们可以为人生“划重点”，我们首先希望你热烈地去感受当下的每一秒——

罗　翔

昨天已经成为过去，明天还没有到来，今天则是一个礼物。

戴建业

失败或失误在所难免，学会忘记过去，学会原谅自己。

史欣悦

对自己的时间，尤其是业余时间负责。

其次，认识自己、接纳自己是一辈子的课题——

宋　浩

我们证明不了自己有多强，但起码能证明自己不弱。

刘　擎

我们不要被一种叫“效率最优化”的心态绑架了。

钱　婧

不是变成更好的自己，而是成为更“自己”的自己。

最后，让我们泰然若素，与自己的命运狭路相逢——

杨　宁

受伤是成长的标配，不断超越那个原有的自我。

杜素娟

有节奏地走在自己选择的人生之路上，这才叫真正的“上岸”。

欧丽娟

认真地朝着正人君子的方向努力，就会在某些瞬间闪光。

我们将老师们的人生锦囊悉数奉上，愿大家未来的人生之路繁花烂漫。

bilibili 于上海

2024 年 3 月

目录

戴建业

求职找工作，不要学李白

哲学家马尔库塞在《爱欲与文明》中提出了“新感性”思想，他认为人的解放不是思想的解放，而是在培养一种全新的情感体验。情感反应在我们人生中有着重要作用，深深地影响着我们能否变成快乐、积极向上的人。

戴建业

广东外语外贸大学首席专家

已出版作品：

《戴老师魔性诗词课》

《我的个天》

《假如有人欺骗了我——戴建业博文随笔集》

《澄明之境——陶渊明新论》

bilibili 账号：

戴建业老师

一、对未来要有所憧憬

人虽然自诩为“理性的动物”，但不同于受程序控制的机器人，理性并非我们生命的主宰。大多数情况下，都是理性在为情感辩护，而不是情感在为理性服务。

譬如，恋爱的时候我们是因为先爱上了人，才去寻找爱的理由；而不是先找到了爱的理由，再去疯狂地爱人。没有爱的冲动，就没有爱的理由。事业和恋爱一样，先有追求某一远大目标的生命激情，然后人们才会去思考实现这一目标的可行路径。因此，我们对人、事的情感反应，牵涉到个人的苦乐、家庭的悲欢和事业的成败。

毕业前夕找工作的经历已经给很多同学上了第一课。大家一脸微笑地递上求职简历，如果遇上没修养的招聘人员，他们的表情不冷不热，对你们爱搭不理，甚至可能当面就拒收简历；如果遇上有修养的招聘人员，他们的脸上或许还能挤出职业的微笑，可转眼或许就把简历扔进了纸篓。你们连续投了几十份简历，但也许一份 offer（要约）都没收到。石子扔进水塘里还能打起几个水漂儿，你们投出去的简历却十有八九溅不起一朵水花。

求职其实就是求人，“人若求人矮半截，人不求人一般高”。不管你的学习成绩有多好，平时为人有多傲，只要求人，你就得把“苦水”往肚里吞，就得对别人满脸堆笑。

我是 1977 级的大学生，那时候的大学生是“天之骄子”，每个人都像是“皇帝的儿女”，几乎所有单位对我们都是笑脸相迎。虽然我没有求职被拒的经历，但却尝过求爱被拒的痛苦。一封滚烫的求爱信，却换来“女神”冷冰冰的回应：“你是个好人……”因而，那些还没有找到“下家”的同学，我能想象你们现在灰暗的心情。

此刻，我想起了普希金的名作《假如生活欺骗了你》：

假如生活欺骗了你，
不要悲伤，不要心急！
忧郁的日子里须要镇静：
相信吧，快乐的日子将会来临。

心儿永远向往着未来；
现在却常是忧郁：

一切都是瞬息，一切都将会过去；

而那过去了的，就会成为亲切的怀恋。

这首说教气味浓厚的诗歌，大家可能一句也听不进去，有人可能还会暗暗埋怨：“普希金实在矫情！”有人可能还会大叫：“普希金是个骗子！谁能向我保证‘快乐的日子将会来临’？”

说真的，我也觉得普希金这首诗对当下的大家来说，即使不是骗人，至少也有点儿苍白、空泛和生硬。叫别人“不要悲伤”“不要焦急”，那是站着说话不腰疼。

但是，**切莫把对远方的憧憬，当成眼前无用的空头支票。**一个人能不能事业有成，第一步就是要看他对未来有没有憧憬。如果他对未来有美好的憧憬，就永远不会在失败后“躺平”，永远都会有奇妙的想象、美妙的诗情，走路会两脚生风，两眼会目光炯炯，工作起来也会干劲十足。

遇上同一件事情，面对同一道风景，有人会感伤得涕泪涟涟，有人会兴奋得浮想联翩。我们来看看《红楼梦》中的林黛玉与薛宝钗，在暮春时节面对同样的柳絮，她们有什么不同的情感反应。

先看林黛玉的《唐多令》：

粉堕百花洲，香残燕子楼。一团团逐对成毬。飘泊亦如人命薄，空缱绻，说风流。

草木也知愁，韶华竟白头！叹今生谁舍谁收？嫁与东风春不管，凭尔去，忍淹留。

林黛玉从柳絮的飘零，想到了自身的漂泊；从柳絮在风中“缱绻”，想到了自己与宝玉的缠绵；从柳絮颜色的洁白，想到了自己“韶华竟白头”；从眼前柳絮“谁舍谁收”，想到了自己“今生”无依无靠；从柳絮“嫁与东风春不管”，想到了自己将来没人照看，没人怜……这一咏物词中的物与人浑然一体，柳絮就是林黛玉，林黛玉就是柳絮。柳絮成了林黛玉的化身，林黛玉既是在说柳絮，也是在叹自己。林黛玉眼中的柳絮寄寓了她可怜的身世、孤僻的个性和悲惨的命运。从“飘泊亦如人命薄”的凄凉，到“叹今生谁舍谁收”的冷漠，再到“嫁与东风春不管”的沮丧，用鲁迅先生的话来说，全词笼罩着一层“悲凉之雾”。

这与林黛玉的个性、气质和情绪有关，她不仅对柳絮自悲身世，对梅花、桃花、菊花、海棠花也无不如此。她在《桃花行》中说：“胭脂鲜艳何相类，花之颜色人之泪；若将人泪比桃花，泪自长流花自媚。”见花落泪，触景伤怀，是她惯常的情感体验。由于弟弟、母亲、父亲接连离世，她从小就成为孤儿，这让她一直走不出家庭的阴影。

像林黛玉这种性格的人，怎么可能去憧憬未来呢？而不敢憧憬未来的人，又怎么可能会有光明的未来呢？

再来看看薛宝钗的《临江仙》：

白玉堂前春解舞，东风卷得均匀。蜂团蝶阵乱纷纷。几曾随逝水，岂必委芳尘。

万缕千丝终不改，任他随聚随分。韶华休笑本无根，好风频借力，送我上青云！

两人笔下的柳絮虽然同属一种，但柳絮的飘飞之地却大为不同。薛宝钗笔下的柳絮，不是在伤心的百花洲，也不是在幽栖的燕子楼，而是在富丽典雅的白玉堂。柳絮飘飞的样子在林黛玉眼中是“粉堕”“香残”；而在薛宝钗看来却像在春天翩翩起舞，时而欢快，时而舒缓，舞姿是那样曼妙优美。她们面对同一种柳絮，却有截然不同的情感反应，那是因为林黛玉是泪眼看柳絮，薛宝钗是笑脸迎柳絮。

“韶华休笑本无根，好风频借力，送我上青云”，别笑春天的柳絮无根基、无依附，无根基才无所羁绊，无依附才无所牵挂，愿借助东风强大的风力，一路把我送上万里碧空。通过柳絮的“自言自语”，薛宝钗写出了自己的心声，抒发了她对未来的美好憧憬。在薛宝钗这儿，“无根”的弱点反而成了柳絮的长处，本来的坏事反而成了难得的机会。正如她说的那样，“柳絮原是一件轻薄无根无伴的东西”，现在却成了最有前途的“香饽饽”。

如果说薛宝钗是“着手成春”（一动手便有春意），那林黛玉就是“触物皆晦”（碰到任何事情都觉得是晦气）。

虽说乐观与悲观各有缘由，但并非乐观与悲观都有理由。譬如，林黛玉看到柳絮，立马觉得它“飘泊亦如人命薄”，这是一种潜意识反应，甚至可能是长期形成的条件反射，它是一种非理性的情感体验。再如，薛宝钗看到柳絮翻飞，第一反应是“好风频借力，送我上青云”，这同样是一种无意识或下意识的情绪反应。

这种非理性的情感体验，不仅会影响我们的心情，还会影响我们的前程。毕业求职有成功的就有失败的，肯定是几家欢喜几家愁。对那些被拒绝的同学来说，这段经历可能会让他们从此灰心丧气，也可能会激起他们不服输的勇气；可能会让他们觉得“自己不行”，也可能会让他们明白“别人能行，我也会行”。

怎样才能有积极的情感体验和乐观的憧憬呢？首先，长期情绪低沉的同学，要逐渐超越自己的原生家庭，消除自己过去因失败产生的伤痕，认识到家境不由人选择，失败或失误在所难免，学会忘记过去，学会原谅自己。老是沉浸在悔恨和悲情中，就是自己和自己过不去。其次，扩大自己的信息源，信息的闭塞容易让人变成井底之蛙，还容易让人钻牛角尖，长期在一个封闭的虚拟空间中打转，就永远看不见身外广阔的蓝天。再次，有些同学要打破社交恐惧，扩大自己的交际圈。如果只交一个小圈子的朋友，甚至没有自己的知心朋友的话，一是对人、事的看法会变得偏执，二是难以了解真实的社会，三是没有足够多的信息源，可能会失去很多机会。最后，不仅要宽容友善地对待自己，还要宽容友善地对待他人，逐渐与自己尤其是与他人和解，这样才会获得安全感，感受到他人的温暖，性格才会慢慢开朗，对未来也会逐渐乐观。

很多同学有一个认识误区，觉得自己性格比较内向，所以天生就易于悲观。其实，对人、事的悲观与乐观，和性格的内向与外向没有必然联系，内向的人也可能乐观，外向的人也可能悲观，不同之处只在于外向的人的“乐”写在脸上，内向的人却是偷着乐而已。

个人的力量非常有限，也许我们一时难以改变生存环境，但可以逐步改变自身。要像苏东坡那样，“休对故人思故国”——不要纠缠于过去；“且将新火试新茶”——永远过好当下；“诗酒趁年华”——绝不虚度自己的青春，乐观地憧憬美好的明天。

同学们，只要你们憧憬美好的明天，你们的明天就会变得美好。

二、对自我要有所期待

对自我有所期待，内心才会洒满阳光；对自我有所期待，才会高度自律；对自我有所期待，才会觉得日子有奔头儿，人家也才会对我们有盼头。

历史学家司马光曾语重心长地告诉年轻人："夫射者必志于的，志于的而不中者有矣，未有不志于的而中者也。"对自我有所期待，给自己确立一个目标，人生才有奋斗的方向。即使没有实现自己的愿望，奋斗的过程也会充满快乐。说到底，人生的开端和结局都是一样的——来于尘土，归于尘土，精彩与否全在于生命的过程。

对自我没有期待，双脚就不知道迈向何方，心中就会空空荡荡，两眼就会迷迷茫茫。假如你真是这样，那你可能会找不到工作，即使找到工作也会丢掉工作，因为**你对自己没有期待，谁还会有耐心把你等待**？

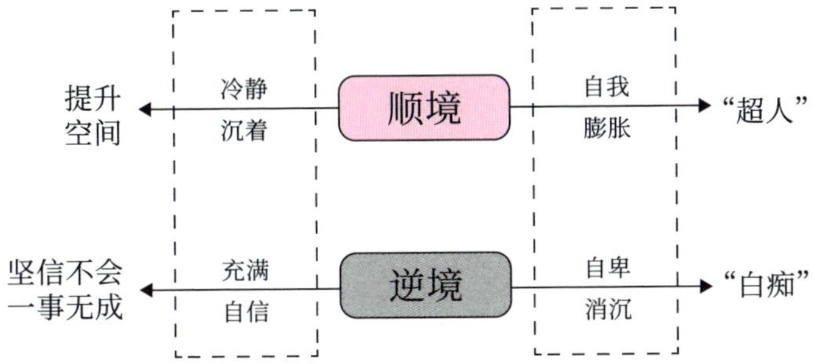

顺境与逆境

在一帆风顺的时候，我们往往容易自我膨胀，觉得自己像是无所不能的“超人”；而在遇上挫折的时候，又很容易自卑消沉，感觉自己像个一无是处的“白痴”。实际上，顺风顺水时我们更应该冷静沉着，看看是否还有提升的空间，以免自己变得轻浮狂妄；不断跌跤时倒要充满自信，坚信自己绝不会一事无成。

因此，事业越是遇挫、情绪越是处于低谷的时候，我们越是要对自己的人生有所期待。**对自己的人生有所期待，本质上就是对自己有信心。**只要对自我有所期待，跌倒了就能马上站起来；只要对自我有所期待，暂时的挫折反而是在给自己打气，别人的藐视反而成了对自己的激励。

在这方面，李白是我们的人生楷模。不妨以他的两首诗为例，先聊他的《上李邕》：

大鹏一日同风起，扶摇直上九万里。
假令风歇时下来，犹能簸却沧溟水。
世人见我恒殊调，闻余大言皆冷笑。
宣父犹能畏后生，丈夫未可轻年少。

从《上李邕》一诗来看，这次相会好像没能宾主尽欢。前四句李白以大鹏自比，这是他在前辈面前自明其志。大鹏是《庄子·逍遥游》中的一种神鸟，“鹏之背，不知其几千里也”“其翼若垂天之云”，翅膀拍打一下水面，就能激起三千里的巨浪，乘风扶摇直上九万里高空。李白自称“文可以变风俗，学可以究天人”，天下没有他搞不定的事情。他这种雄心和气魄，也许只有神鸟大鹏才能与之媲美。更何况有人说他是“谪仙人”，这更强化了他就是大鹏化身的执念。他对李邕说，有朝一日大鹏从风而起，扶摇直上九万里的云霄，哪怕风停了降落大海，也能激起海啸。

由于对自己的才华极度自信，李白自然对自己有极高的期待，他以神鸟大鹏自比，以当代谢安自处。李白这般毫不掩饰的张扬，估计令李邕大为不快，也可能不以为意。李邕也喜欢自吹自擂，称以自己的才干应当做宰相。两个人都觉得“老子天下第一”，这样的两个人能对上眼吗？

李白大概在李邕这儿受到了冷遇，于是就有了后面四句。

“世人”当然包括李邕，说是“世人”而不说“您”，是缓和语气的委婉表达。听到李白那些“扶摇直上九万里”的“大言”，我们好像看到了李邕的“冷笑”。面对这些“冷笑”，李白不是退缩而是“硬刚”，他用《论语》中的话来回敬：

子曰：“后生可畏，焉知来者之不如今也？”

连孔子都知道后生可畏，您老人家难道比孔子还要高明？大丈夫对后生晚辈怎么能轻视嘲笑呢？李白虽然已人到中年，但在李邕面前还是晚辈，所以诗中自称“后生”。

讲这首诗，**不是要大家像李白那样桀骜不驯，而是希望同学们像李白那样对自己有所期待，**哪怕受到冷嘲热讽也不放弃。自我期待不一定会被别人认同，他们要么不了解情况，要么出于嫉妒而恶意贬低，“闻余大言皆冷笑”是家常便饭。这时候内心要足够强大，信心要足够坚定。当然，我们也应该重视那些好心的提醒，因时因地对自我期待做出相应的调整。

要知道，自我期待只是脑海中的蓝图，谁会把脑海中的蓝图当作地上的建筑？与其让别人都认可我们的自我期待，不如矢志不渝地实现理想。

自我期待不只会招来嘲讽，还必定会遭遇挫折。被嘲讽容易产生怀疑——我的“自期”（自我期待）是不是自欺？遇到挫折更容易导致气馁——由自信滑向自卑，由自我期待滑向自我贬低，最终变成自暴自弃。一听到嘲讽就自卑，一遇到挫折就放弃，正因为这样的人太多了，所以有大志者多如牛毛，成大事者却少如麟角。

在人生失意的时候，我们来读读李白的《行路难》，肯定别有会心：

金樽清酒斗十千，玉盘珍羞直万钱。
停杯投箸不能食，拔剑四顾心茫然。
欲渡黄河冰塞川，将登太行雪满山。
闲来垂钓碧溪上，忽复乘舟梦日边。
行路难，行路难，多歧路，今安在？
长风破浪会有时，直挂云帆济沧海。

想当年，李白在奉诏入京时，高唱“仰天大笑出门去，我辈岂是蓬蒿人”，那是何等自信，又是何等风光！哪承想，不到三年光景，他就被唐玄宗打发出了宫廷，这又是何等痛苦，何等失落！李白的人生志向极大，对自我的期待又极高，挫折自然使他跌得极惨。

为什么“心茫然”呢？想乘船走水路却“冰塞川”，准备登太行又遇上“雪满山”，李白尝到了英雄失路的苦楚，看到了自己无路可走的现实。陆路水路都不通，人生顿陷绝路，面对此情此景，谁都会“心茫然”。

正当他陷入无路可走的绝境时，忽地又峰回路转，绝处逢生，“闲来垂钓碧溪上，忽复乘舟梦日边”。这两句暗用了两个典故：姜太公吕尚得遇周文王前，曾在渭水的磻溪上垂钓，后来辅佐周武王灭商；伊尹曾梦见自己乘船经过太阳旁边，后来受商汤聘请，助商灭夏。古人常以日比喻皇帝，又以月比喻皇后。成就大业之前，吕尚和伊尹都不过是一介野老，这让李白看到了建功立业的希望：两个老头儿时来运转尚且能一鸣惊人，谁说我李白不能东山再起呢？

刚刚飘到了九重云霄，一睁眼又跌入万丈深渊：“行路难，行路难，多歧路，今安在？”我的路又在哪里呢？李白又无路可走了。以短小的句子、急切的语气，抒写跳荡的情感，让我们看到了困境中的李白突破困境的激情和冲力。“多歧路，今安在”既显示出他陷入了绝境，也表明了他在寻找新的出路。正在愁人生道路“今安在”，没想到眼前豁然一片光明：“长风破浪会有时，直挂云帆济沧海。”不但有路可走，而且大道通天！即使处于人生低潮，李白也坚信自己会“长风破浪”，自己将“挂云帆济沧海”。

这首七言歌行虽只有寥寥十二句，但它以大开大合的结构、跌宕起伏的章法，抒发了激荡强劲的诗情，展现了李白在遭受巨大挫折后，失落—痛苦—焦虑—挣扎—奋起的精神历程。章法的起伏跌宕，照应了他内心的不断抗争，失望—希望—失望—希望的交替，是他不甘就此沉沦的心理写照。

从这首诗中，我们能感受到李白从不认输的倔强性格、拒绝沉沦的积极心态、失败中挺身而起的强大力量，还有他那永不放弃的执着精神。对自我有所期待的人很多，但像李白这样坚守的人极少，所以，李白就只有一个，而“我们”则满大街都是。

在绝境中找到生路，在失望中看到希望，在沮丧中奋然振起，哪怕只是偶尔一次两次，这些经历也都将成为我们宝贵的精神财富。因为有了第一次就不愁第二次，有了第二次又何愁第三次？我们一生会陷入各种各样的困境，真是“一山放出一山拦”。这种经验不仅能帮助我们摆脱困境，绝处逢生，还能强化自信。

一经跌倒就顺势“躺平”，一有麻烦就甩手不干，一遇挫折就心灰意冷，我们对自己都不再有任何期待，别人还能对我们有什么指望？人皆为可上可下之才，对自己的期待高，未来才大有希望。

同学们，我们要形成健康的心理暗示、阳光的情感反应，学会笑对挫折，既让自己变得开朗乐观，也让别人感到快乐温暖。

让我们一起朗诵薛宝钗的名句：“好风频借力，送我上青云！”

工作心法

忘掉丢脸的事情

经常有年轻的朋友给我发私信，说他最近遭受了很大的挫折，完全走不出来，精神一蹶不振。**年轻人难免受挫，难免失败，这都是不可避免的。**我这一辈子没有什么拿得出手的优点，唯一可以告慰的是我的记忆似乎有一种特异功能，就是不管我经历过什么：失败的、丢脸的、尴尬的……总之那些不好的、倒霉的东西，我过段时间就自然而然地忘了。而我人生中的那些“高光时刻”，比如小时候做得让我很得意的事情，我到老了都还一直记得清清楚楚。我记得的都是得意的事，痛苦的事全然不记得。所以失败给我留下的阴影很小、很浅、很淡，给我的打击也特别有限。

在和学生交往的过程中，我发现胆子越小、越追求完美的人，遭受失败的打击就越大。我这人就不怎么追求完美，做活动从不化妆，录制视频从不开美颜，视频中的我就是生活中真实的样子。讨厌我的人我都不记得，喜欢我的人我都记得。

我希望朋友们也有这样的干劲：忘掉丢脸的事情，只记住人生中的“高光时刻”，这样会比较快乐。但同时这也是一把“双刃剑”。缺点是失败后容易不长记性，所以我常常在同一个地方摔跟头，所谓的前车之鉴对我没有用，同样的错误犯了又犯，因为这个错误对我来说不是刻骨铭心的；优点是愿意尝试新事物，不害怕失败，我 60 多岁了，至今依旧斗志昂扬，拥有无穷无尽的精力，还有很多的人生计划。

论失败次数，其实我们小时候的失败次数才是最多的。年龄越小，失败的次数就越多。为什么那时候的失败对我们没有什么影响？因为我们并不觉得那是失败，比如小孩子学走路，从爬到跑，这中间不知道要摔倒多少次，我们都觉得这很正常。追求人生事业本质上和学走路是一样的，不可能一开始就会成功。例如练书法，从临摹、学习到练习，中间不知道要失败多少次；例如背英语单词，不知道要背多少次，忘了再背就好了。

那么，我们要怎样才能不害怕失败呢？

首先，我们要在理性上认识到失败是极为正常的，从不失败则属于特例。“一帆风顺”只是人们美好的祝福，除了极少数“上天的宠儿”，几乎没有人能一帆风顺。**“一帆风顺”既不可能，也不可贵。**要爬过许多座山，要跨过许多道坎儿，我们才会知道人生的艰难，才能把自己锤炼得十分坚韧，才会珍惜已经到手的幸福。其次，我们要意识到失败是人生中一笔重要的财富。

只有经历失败，我们才能把内心锤炼得刚强和坚韧。

很多时候我们害怕失败，是因为我们总是在意别人的评价，怕丢面子。事情做砸了，我们就觉得脸上无光，怕别人议论。我现在算是一位公众人物，有很多人喜欢我，也有很多人不喜欢我，但我依然跟所有平台讲，对我的每一个批评都不能删除，一定要保留，我希望得到完整的反馈。100 个人中有 60 个人喜欢我，我就感到很高兴；有 40 个人不喜欢我，我也觉得很正常。因为我只有这么高的水平，只有这么大的才气，怎么可能做到让每个人都喜欢我呢？

在职业生涯中，我没有遇到过多大的挫折，所以我也没有多高的成就。反观那些倜傥的伟人，往往能在困境中迸发出强大的创造力。

司马迁在《太史公自序》中讲：

> 昔西伯拘羑里，演《周易》；孔子厄陈、蔡，作《春秋》；屈原放逐，著《离骚》；左丘失明，厥有《国语》；孙子膑脚，而论兵法；不韦迁蜀，世传《吕览》；韩非囚秦，《说难》《孤愤》；《诗》三百篇，大抵贤圣发愤之所为作也。

周文王被囚禁在羑里（今河南安阳），推演出了《周易》；

孔子在陈国和蔡国受到困厄，写出了《春秋》；屈原被放逐，才有了《离骚》；左丘明失明后，才有了《国语》；孙膑腿受膑刑后，才开始研究兵法……大抵世上所有伟大的作品，都是圣人在困境中发愤所作。

失败就像失眠，我们要学会正确面对。我原来很害怕失眠，因为我读大学的时候专业报错了，很痛苦，根本睡不着觉。后来我看到一位美国医生的文章，他说失眠不可怕，可怕的是怕失眠。我套用下这句话，送给大家：失败不可怕，可怕的是怕失败。

如果真的失败了，我们应该怎么做?

首先，冷静下来，不要恐慌。一旦失败，人的情绪往往会特别低落，自我评价也会特别负面。有时候人一旦失败，不仅觉得自己是个笨蛋，而且认为全世界就数自己倒霉，感觉外面阳光灿烂，全是笑脸。其实不是这样的，每个人都有本难念的经。这个时候我们要明白失败是件稀松平常的事情，要学会理性地分析自己。**失败是人生的常态，一下子就成功才是人生的变态。**

其次，我们要分析为什么会失败。如果方法不对，那就找别的方法；如果路径不对，那就换道路。总之，我们一定要找出失败的原因，这样才能够从失败中站起来。没有失败过的人会很脆弱，经历过失败的千锤百炼，生命才会有韧性。在跌宕起伏的人生旅程中，反复地相信自己能够站起来，那才是真正的成长。因为要想成就大业，才华不是最重要的，激情、意志、毅力和韧性才是更重要的特质。

最后，保持“健康”的记忆。尽可能忘记自己的灰暗日子，记住自己的“高光时刻”。拥有良好的心态，会让我们更有奋斗的激情和动力。人的自我期待源于自信，自信有多强，自我期待就有多高。自我期待没有多少道理可言，说自己“长风破浪会有时”，李白哪有什么确切的根据？这不过是他一生坚定的信念。事实上，李白后来从未“长风破浪”，人们并没有因此而指责他胡吹、狂妄。有自信才可能自律，有“自期”才可能自励。**自卑本质上是一种自我折磨，放弃“自期”实际上是一种自我放逐**。遭遇那么大的挫折，李白还能那么自信，难怪他能更好地成就自己，最大限度地发挥生命的潜能。

朋友们，长风破浪会有时，直挂云帆济沧海！希望大家事业有成，心情快乐，生命坚韧。

人生问答

学生：不能从事理想中的工作怎么办？

请不要着急，先就业再调整。

大学毕业30周年的时候，出版社向我约稿，于是我花了几天时间激情澎湃地写出了2.5万字的《碰巧》，因为回顾过往，我人生的每一步都是“碰巧”。

高中办墙报时，我抄了三首诗，改了部分字词。主任说我写得好，同学也说我写得好，大家都以为是我自己写的，其实我是抄的。我本想承认不是自己写的，但后来连校长也说我写得好，因为虚荣心作祟，我就没有机会承认了。那个时候没有互联网，没有检索系统，别人不知道我是抄的。鬼迷心窍的我后来贴上8分钱的邮票，把用钢笔誊写的诗寄到了报社，没想到竟然被发表了，我在家乡一夜成名，于是就这样走上了文学道路。尽管那个时候我的数学成绩更好，但在班主任的推荐下，想当诗人的我高考后还是报了华中师范大学的中文系。

在刚上大学时，一位教当代文学的老师讲的课让我十分痛苦，可教务处不让转专业，我觉得当诗人好无聊，为此还得了抑郁症。我给妈妈写信说想退学，当时湖北省的大学录取率不到4%，家里人都以我考上大学为荣，所以她收到信后特别着急，拿自己的生命来威胁我不准退学。我马上给她回信说："妈妈，我没事了，你不让我退学，我就不退，我一定把书读完。"于是我只能硬着头皮把大学读完，结果变成了今天这个样子。

同学们，如果找不到理想的工作，请先学会适应社会。因为社会不会适应人，只有人去适应社会。我们要做的是不断调整自己的心态，先努力就业，再想办法。

学生：很多人欺软怕硬，怎么办？

无论是家庭教育还是学校教育，都面临着一个困境：我们要怎样告诉孩子社会是个什么样的社会，我们要怎样跟这个社会打交道？

孩子年纪越小，我们越是不敢跟孩子说真话，只能告诉他要快乐、善良。学校对整个社会的描绘，很容易让大家觉得社会到处阳光灿烂，结果一踏入社会，就会发现反差极大。北京大学钱理群教授就曾说过："我要教学生善良、真诚吧，他到社会去就吃亏；我教他不善良、不真诚吧，那我这个老师也不能这样教。”无论是老师还是家长，都面临很多事情不敢说的困境。

有一位同学曾向我求助，因为他经常遭遇一个问题：别人没有完成的工作，要他去完成。这个问题可能很多人在学校里就遇到过，无论是在小学还是在中学，欺凌总是存在。还有极少数同学很强势，比如强迫别人给他交份子钱，指使别人干坏事，或者让别人完成他不能完成的事情，别人不完成他就打人。人本质上是动物，这极少数人会从强迫他人的行为中获得快感。

很多年轻人初入社会，不知道如何和这个复杂的世界相处，我在这里也并非教导大家不要善良、真诚地待人，而是面对社会中的坏人坏事，我们如何做才能不吃亏。

中国有一句古话：“人善被人欺，马善被人骑。”我小时候受欺负时，被打了常常还手。但在 90% 甚至 95% 的情况下，我都打不过他们，因为欺负我的那些人都比我魁梧，那怎么办呢？一开始我怕被打，但次数多了就不怕了，因为怕也躲不掉，不论对方是谁，我都会跟他对抗到底。现在背部、胸部还有小时候打架留下来的疤痕。渐渐地，他们发现欺负我是要遭报复的，也就不再欺负我了。

在任何时候，我们都要敢于跟欺负我们的人说“不”，要学会拒绝。任何一个人叫我们去完成他没有做完的工作，我们第一次就要回绝。一旦同意了，窝囊地给张三做他没有完成的工作，那么马上李四也会来欺负我们，让我们给他做事，然后王五也会来让我们给他做事，那我们是做还是不做？在这个问题上，我们一定要当机立断，果断回绝。我们不必和这样的人交朋友。

学生：如何正确认识“嫉妒”这种心理？

“嫉妒”在我们日常生活中非常普遍，可能每个人都有过这种心理，心理学将它定义为在和别人比较的过程中，发现自己的才能、外貌、成就、名誉、地位、金钱、运气等方面不如对方，从而产生一种包含羞愧、怨恨，甚至敌视的复杂心理现象。左宗棠说：“能受天磨真铁汉，不遭人嫉是庸才。”“甘守时穷方是士，不为人忌便非才。”嫉妒仿佛是人与生俱来的心理和本能。

“恨你有，笑你无，嫌你穷，怕你富。”在胡适先生眼中，嫉妒是人性中非常丑恶的东西。英国谚语说：“每个人的衣柜里都有一具骷髅。”每个人的心里总有一些阴暗面，所以儒家强调要慎独，哪怕只有自己一个人也要严格要求自己。

嫉妒不可怕，可怕的是我们没有看清它的危害。一旦我们在发现别人比自己强、比自己有才、比自己能干后产生了嫉妒心理，我们和他人就不能成为真正的朋友。因为当我们有了嫉妒心，就会逐渐对他人产生敌意，不能由衷地为对方的成功而感到喜悦。

罗素曾说："乞丐不会嫉妒百万富翁，但他一定会嫉妒收入更高的乞丐。"因为嫉妒总是发生在身边同一水平的人之间，大家显然不会去嫉妒比尔·盖茨的钱比我们的多。人生就像下棋，如果身边都是水平比自己差的棋手，我们就不可能真正地进步。所以孔子在《论语·学而》中说"无友不如己者"，意思是不和比不上自己的人交朋友；还说"益者三友，损者三友"，这就告诉我们要和正直、诚信、有学问的人交朋友，远离阴险、阿谀奉承、狡诈的小人。

除了阻碍自身的进步，嫉妒还会干扰合作。嫉妒心强的人往往缺乏团队精神，在现代社会难成大业。我被推举为文学院的学科带头人，并非因为我学问最高，其实很多人都比我强，但我能包容地看待自己和他人，不嫉妒他人，所以大家在无记名投票时才会选我当学科带头人。

嫉妒往往不是想把自己提高到和别人一样高，而是想把别人拉得跟自己一样低。这和"见贤思齐"恰恰相反，见贤思齐是发现别人比我们优秀，马上就去追赶。同学们参加工作后一定要多关注同事的优点，暗暗地观察和学习，不断提高自己。

最后，嫉妒是一种很糟糕的东西。嫉妒他人只会让自己痛苦，长期的情绪失控容易引发焦虑和抑郁，危害心理健康。

韩愈写过一篇谈嫉妒的《原毁》，文中论证了嫉妒的根源。"为是者，有本有原，怠与忌之谓也。""怠"与"忌"是毁谤的源头，“怠”就是懒惰，“忌”就是嫉妒。为什么会产生嫉妒这种心理呢？他说：“怠者不能修，而忌者畏人修。”懒惰的人不能修身养性提高自我，嫉妒的人又害怕别人进步。所以树大招风，“事修而谤兴，德高而毁来”。事情办好了，诽谤也就跟着来了；声望提高了，诬蔑也随之而来。

孔子有句话，我觉得特别重要：“君子成人之美，不成人之恶。小人反是。”“成”就是成全，我们一定要帮着别人做好事，而不能帮着别人做坏事。哪个人追求善良、正直，我们就给他创造更多条件。

我希望大家能够学会成人之美，消除嫉妒这种阴暗的心理。做坦荡的君子，内心才会轻松、快乐，事业才能有所成就，人生才有可能步入康庄大道。

杜素娟

文科生在这个社会必不可少

人生是由无数个阶段构成的，根本就没有“从这儿以后就好了”的人生节点，每个阶段都有每个阶段的挑战和困难，我们能做的只有不停地、暂时地登上一个个小小的“岸”。这个小小的“岸”是什么？不是舒适的“岸”，而是终于做完了一件事的“岸”。

找到人生中的三个“岸”，我们才能内心笃定，知道自己不是在水里挣扎，而是有节奏地走在自己选择的人生之路上——这才是真正的“上岸”。

杜素娟

华东政法大学文伯书院教授

已出版作品：

《欧美文学简史》

《市民之路：文学中的中国城市伦理》

《孤独的诗性：论沈从文与中国传统文化》

《文学中的人生进化课》

bilibili 账号：

杜素娟聊文学

一、学文科是否有前途

从小学到中学，大部分家长可能都希望我们能够成为理科生，但始终有一部分人最后“不幸地沦落为”文科生，为什么用“沦落”这个词？因为周围有很多人认为“学文科没有用，文科生没有前途”。

文科能保证社会不丧失人的温度

文科的全称是人文社科，分为人文科学和社会科学两类。虽然很多人认为“学文科没有用，文科生没有前途”，但是在中国这片土地上，像华东政法大学这样以社会科学教学、研究为主的大学不计其数。中国甚至全世界都在非常执着地办文科类院校，每年都有很多学生考进文科类院校或者综合类院校的文科专业。

人类为什么这么执着地培养文科人才？

我们经常讲，科学技术是第一生产力。有人就很极端地提出国家在发展过程中应该取消文科，那么到底该不该取消文科？我们先来思考“文科究竟有什么用”这一问题。

奥尔德斯·赫胥黎在《美丽新世界》中回答了这个问题。这部作品创作于 1932 年，讲述了一个关于未来的故事：500 年以后，整个地球统一为科技高度发展的世界国，它似乎真正实现了人类的梦想，建构了一个和谐安宁、没有痛苦、没有烦恼的“乌托邦”。然而，世界国既诡异又充满罪恶，为什么这么说呢？因为它仅用科技手段就实现了这一切。

奥尔德斯·赫胥黎以超人的想象力做出了这样的预测：公元 2540 年，世界国启动了以科技名词命名的“波卡诺夫斯基程序”，凭借着高端的生物科学技术，开始以培育试管婴儿的方式批量制造人类。生物技术消除了个性差异，一模一样的人不存在个性思想、个性特点，大家就能和谐相处。另外，世界国又使用了催眠法，对每个阶层的婴儿进行循环洗脑：“你自己的命运才是最好的。”让每个阶层的人，哪怕是最底层的人，也安然接受自己的命运，不再对现实不满。

这样的世界美好吗？人们不反抗并非因为世界美好，而是世界国对社会成员进行了低智设定，取消了人们的阅读行为，特别是文科的文史哲类图书的阅读，从而保证科技造成的诡异世界不被人们推翻。书中有一个很经典的场景：世界国总统挥了挥手，仿佛拿着一柄无形的拂尘扫走了很多东西，扫走了古代历史，底比斯、巴比伦；扫走了古典文学，奥德修斯、约伯、丘比特；扫走了《李尔王》和帕斯卡的《思想录》；还扫走了音乐和艺术，包括安魂曲和交响曲。如果社会成员不再需要人文社科，那等待他们的将会是低智状态，这就是《美丽新世界》给我们的启发。

回到“该不该取消文科”的问题，很显然答案是不应该。

在社会层面，文科类的知识、智慧不但有用，而且是对社会非常重要的保护。今天，整个世界都在追求科技发展，但是没有任何一个国家放弃文科的建设。如果科技代表一个国家的物质发展力量，理工科代表力量的延伸，那么文科就代表了一个国家、一个民族的灵魂和精神的存在。

在科技高速发展的同时，我们依靠文科的意识，保证社会不丧失人的温度和权利，保持人的主体精神，启蒙人的自由意识，这样社会才能够跟冷冰冰的科技互相支撑。所以对社会而言，文科是必不可少的，它是人的温度和权利、主体精神、自由意识的有力保障。

在个人层面，文科是人类思想和创造力的源泉。世界500强企业中的很多高科技公司以及大型商业集团的领导人都是文科生；即便领导人是理科生，他们的幕僚团队大多也是由文科生组成的。世界500强企业的许多主要领导人都讲过类似的话：文科生让公司的运转更有温度，文科生的存在会让企业的沟通变得更加顺畅。

文科和理科的“智”有什么不同

理科的“智”处理的是人与自然的关系、人与工具的关系、人与数理逻辑的关系。文科的“智”处理的是另外两类更重要的关系：人与人的关系、人与自我的关系。

如果理科生不注重对文科的学习，就可能变成我们所说的“技术宅男”，他们一定会在生活上出现问题：与人交往的问题、维护家庭关系的问题，甚至是与社会沟通的问题。所以我们发现，大部分优秀的理科生其实都有非常深厚的文科基础。

文科研究的是人的事情：人性、人的命运、人的生活。文史哲是人类生活的根基，我们搞懂了人性，明白了人生，把握了命运，理科的建设、科技的发展才能有根基。此外，与人性息息相关的是情商，无论我们将来从事什么职业，情商都很重要。它涉及人与人的关系和人与自我的关系，处理这一命题的智慧大部分都来自对文科的学习。这就要求我们从社会层面和个人层面来思考学文科的作用。

学了文科不一定能拥有文科生的能力

很多人在学了文科以后觉得自己一无所长，因此得出“文科无用”的结论。这个判断的逻辑是存在问题的。

这背后的真正问题是，我们真的拥有文科生的能力了吗？学校真的传授给我们文科生的能力了吗？弄清这些问题的第一步是明确文科生的基本能力有哪些。第一，面对各种各样的社会现象、文化现象、科学现象，具备逻辑推理和批判思维能力。辩证的批判思维不是“愤青”思维，不是单纯地全盘否定或全盘接受，而是调动自己的筛选能力去思考大众的结论和社会的规范，进而做出自己的判断。能用个性化、批判性的思维看待具体情境下的具体问题，是文科生应当具备的能力。第二，面对人际关系，具备共情沟通与交流的能力。第三，自我理解和自我管理的能力，具备对情感的细腻感知和理性处理的能力。例如我们是否了解自己？是否知道自己此时此刻的情绪来自内心哪根薄弱的链条？能否管理好自己的情绪？在生活中遇到情感问题，我们能够理性解决吗？第四，书面表达能力和口头表达能力。

我并没有穷尽文科生的全部能力，但即使我们只是具备了以上这些能力，我们在社会上也将是不可替代的。理科生没有接受过这么集中的文科内容的训练，他们夺不走我们的“饭碗”。如果我们仅限于背诵知识点，应付考试，拿到绩点，既没有理科生实验操作、科技创新的能力，也没有文科生该有的沟通交流、表达分析、逻辑思维能力，那我们靠什么生存呢？

很多时候不是文科没用，而是我们没有正确学习，没有习得真正属于文科生的能力。

在四年的大学生涯里，如果我们不能自觉、主动地去培养这些文科生的能力，我们就可能变得一无所长。因此在大学期间，甚至毕业以后，我们都要对自己应该培养和掌握的能力有清晰的认知和明确的规划。

我们只有让自己的能力变得越来越强，才能彻底粉碎“文科无用”的荒谬观点！

二、脱离苦海的“岸”在哪里

我们谈论“上岸”时在谈论什么

最近有一个词很火：“上岸”。

考研、考公、求职的同学都在许愿“上岸”，我们期盼“上岸”，到底是在期盼什么？很多同学抱有这种想法：我考研成功后就能不折腾了；我考上公务员后就能舒适了。所以我们期盼的其实是后面的人生不要再这么苦、这么累、这么折腾了。

但这个“岸”存在吗？很可惜，不存在。因为人生是由无数个阶段构成的，根本就没有“从这儿以后就好了”的人生节点。

你上中学的时候，父母对你说“考上大学就好了”，真的好了吗？其实我还可以很负责地告诉你，不要有“找到一份好工作就好了”的想法，“找到一份好工作”其实是苦难的开始。我的人生走到今天，回头看，发现自己是一路“上当”过来的，不停地有人告诉我这个阶段结束了就好，但事实却是从来没有舒适过。

每个阶段都有每个阶段的挑战和困难，我们能做的只有不停地、暂时地登上一个个小小的“岸”。这个小小的“岸”是什么？不是舒适的“岸”，而是终于做完了一件事的“岸”。

“在路上”劳累，“在水里”灭亡

这样的人生是不是太苦了，难道只能一直这样吗？其实“岸”是有的，我们会谈到“岸”是因为人生的过程不舒服，我们很苦很累，这让我们感觉像是“在水里”，而不是“在路上”。

“在水里”和“在路上”有何不同？“在水里”我们是茫然的，随时随地感觉有巨大危机，好像再不扑腾两下就会被淹死，然后就到处折腾，却始终抓不到一个可以支撑的木板。“在路上”只是累，但“在水里”有可能灭亡。

为什么以前的年轻人是“在路上”，现在的年轻人却说自己是“在水里”呢？一个很现实的原因是社会竞争更加激烈了，但更重要的原因是社会更复杂了，阶层分得更细了，诱惑更多了，在财富、身份等方面，人与人之间的差距更大了。这些都造成了年轻人内心的焦虑、茫然和无助，“在水里”这种形象的比喻也就出现了。

因为“在水里”，所以有了“岸”；因为有了“岸”，所以大家才会拼命地为了“上岸”去考研，但事实却是考上研也只是从一个“池塘”到了另一个“池塘”，我们还是“在水里”。夸张地说，我们可能一生都“在水里”，所以我们需要找到真正的“岸”，它能够贯穿我们的一生，让我们回到“路”上，而不是一直无助地浸在“水”里。

人生可以找到的三个“岸”

第一个“岸”——自我的“岸”，帮助我们摆脱“在水里”的体验。

有时候，我们明明在奋斗却感觉自己还“在水里”，原因在于有一个关键动作没有做——做有价值、有意义的人生规划。我们经常说追求理想就是追求人生的价值和意义，但追求意义一定要有一个前提——得从有意思的阶段开始，因为只有这样才能通向人生的意义。

什么叫“有意思”？“喜欢”就是“有意思”。喜欢的事做起来一定是快乐的，就像喜欢一个专业，再累再苦都不会烦，解难题也跟吃雪糕一样，一气呵成。如果我们没办法选择一个有意思的专业，但这个专业还可以谋生，那我们就努力把生活经营得有意思。

我们在选择未来的职业方向时，需要牢记，职业不是一成不变的，它是可以调整的，每一次改动都是对人生方向的调整，要努力寻找自己喜欢的领域，即使找不到自己喜欢的领域，也要在生活中加入另一条有意思的轨道。比如我们最近发现华东政法大学原来有那么多的“斜杠青年”[①]，青年教师中有会唱京剧的，有玩深海潜水的，有写小说的，还有跳拉丁舞的，他们就是在让自己的生活变得有意思。

总之，我们要在生活和工作中找到一个有意思的点，这样我们才能沿着这个点所在的那条路一直走下去，才能有力量去追求意义。

这就是自我的“岸”，上了这个“岸”，再苦再累的拼搏奋斗都不是问题。

第二个“岸”——欲望的“岸”，帮助我们管理好欲望的闸门。

我们带着一颗初心，想要坚持自己的兴趣，但职业道路

① 斜杠青年指的是一群不再满足单一职业的生活方式，而选择一种能够拥有多重职业、多重身份的多元生活的人。他们在自我介绍中会用斜杠来区分不同的职业和身份，例如：张三，作家／演员／摄影师。

上的诱惑太多。有的人很有钱，有的人飞黄腾达，我们该怎么办？对欲望的管理非常重要，如果放纵自己的欲望，不对欲望做区分，即使我们已经走在正确的道路上，也可能会再次掉到水里。

欲望有两种，一种是激励式的欲望，一种是榨干式的、消耗式的欲望。激励式的欲望能激发自我成长，我们要使劲放纵它，最好在这种欲望上做到“欲壑难填”；榨干式的、消耗式的欲望是跟我们人生意义关系不大的、来自虚荣心的欲望，比如在金钱和权力上与他人攀比的欲望，如果不妥善管理，那它们可能会摧毁我们的理想。以高校教师为例，我现在回顾自己的教学生涯，内心是十分安定的。通过教书对学生们进行知识、人格方面的引导，对我来说是一件很有意思的事情，所以我会管理跟教学无关的欲望。

社会的财富是无穷无尽的，层级是无穷无尽的，荣誉也是无穷无尽的。如果我们无法管理自己的欲望，没有定力，就会产生焦虑，从而迷失方向。

第三个“岸”——价值的“岸”，帮助我们知道自己想过什么样的生活。

只有知道自己想过哪种有意思、有意义的生活，我们才能管理好欲望，消除不必要的焦虑，最后抵达价值的“岸”。这样的

“岸”才能保证我们辛苦地做事时，即便不能得到相应的物质报酬，也必定能获得富足的精神报酬。

找到了人生中的这三个“岸”，我们才能内心笃定，知道自己不是在水里挣扎，而是有节奏地走在自己选择的人生之路上——这才是真正的“上岸”。

工作心法

戒掉“好孩子”这颗糖

一个“好孩子”，可能就是一个受害者。

我们在给孩子设立“要做一个好孩子”的目标时，这个“好”其实是有标准的。在儒家文化的影响下，我们对“好”的认知跟我们的文化特点紧密相关。比如，我们的“好”往往指的是“内敛”，所以我们要讲节制，讲克制。我们会觉得孩子应该尽量压抑自己的想法，服从外在的要求，服从群体的规范。孩子对外在标准的适应度越高，与标准契合度越高，越会让大家觉得他是一个好孩子。

那么，“好孩子”心态是如何养成的呢？

可能是因为我们在成长过程中，经常受到忽视或缺少父母的认可，为了得到父母的认可，我们就表现得特别乖巧。于是，在某一次得到父母认可时，我们终于得到了父母的第一次夸奖——懂事。每个孩子都希望得到父母的夸奖，但是问题就在于得到的夸奖就好像是一颗糖，这颗糖很甜，所以我们就会想要得到更多的糖，就会很自觉地、很自愿地去迎合父母口中的“懂事”。于是为了得到更多的糖，我们会沿着“懂事”的道路继续往前走，我们的“好孩子”心态也就这样慢慢养成了。

别人口中的“好”作为一颗糖果，诱导我们一步一步成长为好孩子和好学生，所以我们要戒掉这颗糖其实很难。即便是在长大以后，我们很多人都没有意识到自己为何会如此固执、自觉地去追求这颗糖。归根结底是我们通过别人给的这颗糖，来确认自己值不值得被爱、能不能被认可。

我们必须戒掉“好孩子”这颗糖，不再期盼别人，而是做自己。自己觉得好就行，别人口中的“好”和“不好”没那么重要。

“好孩子”心态的第一种表现是委曲求全。

我们对很多关系不满意，但还是委屈巴巴地维持，原因就在于，很多时候我们想做一个“好人”。这个所谓的“好人”和我们小时候努力想做好孩子，上学后努力要做好学生是一脉相承的，都是为了取悦他人，得到他人的认可。所以如果不进行一场起义，不进行一次革命，我们永远都摆脱不了这个怪圈。在小说《简·爱》里，简·爱从小失去双亲，被寄养在舅妈家，表兄经常欺负她，舅妈也经常不顾及她的感受。如果换成林黛玉，她只会忍气吞声或者自我哀怜，但简·爱不管别人怎么说，她不舒服就要还击，一开始她就跟表兄打了一架，然后离开舅母家的时候，她也对舅母还以语言暴力。她不是一个“好孩子”的形象，但是她捍卫了自己的尊严。

人人生而平等，在自己有限的生命里，我们为什么不能够平等地跟别人建立关系？如果为了做一个好人，做一个好学生，我们需要忍气吞声，需要压抑自己的合理需求来伤害自己，那这个“做好人”的依据是什么？它的价值和意义在哪里？不要把别人看得太重要，很多时候我们应该把自己看得更重要一点儿。

“好孩子”心态的第二种表现是自我苛求。

什么叫“好孩子”？就是得刻苦。什么叫刻苦？就是每分每秒都在做正事。而这个正事会随着人生阶段的变化而不断改变：上学阶段，正事就是不停地做作业，作业做完了，还得看辅导书，辅导书看完了，还得多背几个单词。看电视就不叫正事，看小说也不叫正事，只有学习才是正事。一直学习就会一直得到“你好刻苦”的表扬。时间长了，你只要一做别的事，就会有负罪感，工作以后的正事也是同样的道理。

当然，为值得的事情忙碌是应该的，但很多时候我们追求的忙碌不一定有价值。我们以为只有忙碌才是在进取，完全排除了其他的可能性，但其实很多忙碌都是无效的。我们对生活方式的界定太小了，小到认为只有一直忙碌的状态才是对的。我们需要进行一次觉醒，认真地审视一下自己为之忙碌的那些东西究竟值不值得。

“好孩子”心态的第三种表现是好胜心。

我女儿小时候是学习好、老师夸的好孩子，我朋友的女儿学习相对一般。她们一起学书法时，我女儿学得快，所以老师就不停地夸她；朋友的女儿学得慢点儿，就没有得到夸奖。在回家的路上，她们看着课上写的字，朋友的孩子就对我女儿说：“你怎么写得这么好，我觉得你写得真的很好！”那一刻，我就觉得我女儿在这一点上不如朋友的孩子，因为朋友的孩子懂得欣赏别人。

如果一个人觉得没有得到别人的认可会刺痛他，那他是不会去夸赞别人的。朋友的孩子不在意老师没有表扬她的字，她能够看到别人的优点，由衷地去夸奖别人的字写得好，她还能跟被老师表扬的孩子一起学书法，她以后就能进步得很快。反过来说，如果我女儿认为学习必须做到最好，要被老师表扬，那么当她的字写得比别人好的时候，老师不表扬她，她的内心就会感到很刺痛，她就会哭，下次就不愿意来学习了，这种情况反而不容易进步。这就是“好孩子”心态带来的弊端。

周围人给我们界定的“好”的范围非常小，我们为了迎合这个标准，只能像灰姑娘的姐姐们穿水晶鞋一样削足适履。“好学生”“好孩子”的标准就是水晶鞋，脚长不一样的孩子，必须穿同一个尺码的鞋子，只能对自己的脚进行切割。其实，我们可以有其他的选择。

我相信很多年轻的朋友，正在糖的甜和真实的苦的选择之间徘徊，希望我们都能通过一次自我的发现，努力戒掉这颗给我们带来无限苦楚的糖。

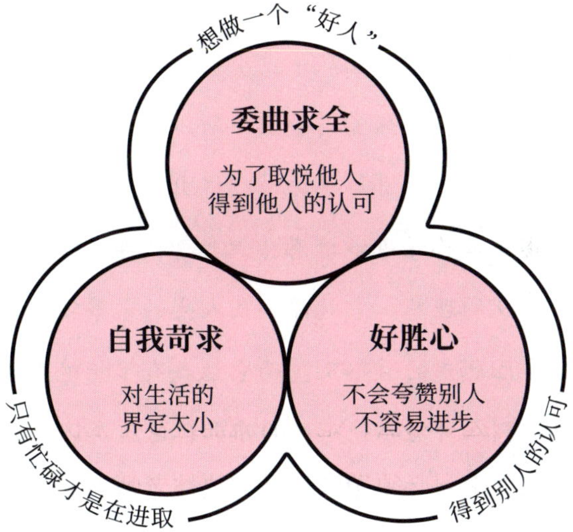

“好孩子”心态的三种表现

人生问答

学生：理想的作用是什么？

理想不是用来实现的。很多时候，理想的作用是滋养人生。

我是一名教师，但我的理想其实是成为一名作家，尽管这辈子可能都无法实现。但我也从来没有放弃过这个目标，因为它对我来说意义非凡——我热爱写小说，所以我热爱读小说；我热爱读小说，所以才能够在讲解小说时，讲出一点儿自己的特色。

我这一生中面临过很多诱惑，但我都放弃了。为什么？因为我有着遥不可及的理想。它就像一条人生的风筝线，牵引着我，引导我走在自己想走的道路上。而它让我有了拒绝别人的力量，能够拒绝一些别人可能拒绝不了的东西，这就是理想的重要性。

很多时候，我们面临的问题其实是："在一个不甚理想的环境里，如何开辟一条自己想走的路？"但这样的路只要用心找，总是能找到的。比如，在选择专业时，如果来不及把它当成一个学科，那就把它发展成一个业余的领域，其实很多东西完全可以开辟第二个轨道。如果第二个轨道越走越宽，第一个轨道自然就消亡了。

所以大家不要认为学了什么专业，这一辈子就只能做这个专业对口的行业，我们要有开拓思维，对自我的想象一定要丰富。另外，每个人的选择是不一样的，我们可以根据无法改变的客观现实，做出自己个性化的选择。大家如果能够多观察周围优秀的人在一个不可改变的大环境里是如何做选择的，便能从中获得对自己人生发展有益的借鉴。

学生：20～30岁是人生中最糟糕的十年吗？

是，也不是。

20～30 岁是人生中特别有意思的十年。它既拥有一个最好的可能性，也拥有一个最糟糕的可能性。先说最好的可能性，因为这十年是人生中野心最大、精力最好、胆量最大、梦想也最高远的一个阶段，到三四十岁，人就开始慢慢地被生活磨去了棱角，我们的梦想会“缩小”，精力会变差，连记忆力都会走下坡路，所以这十年是人生中的黄金十年。但它也有可能是最糟糕的十年，因为命运非常捉弄人。梦想最高远、精力最旺盛、野心最大的这十年，恰好也是一生中社会资源、社会地位，甚至是专业能力最弱的十年。

如果让我用一个词来形容20～30岁这十年的核心体验，我觉得一定是“痛苦”。很多人觉得我们的人生都是痛苦的，但我觉得青春才是最痛苦的。

曾经有学生问过我这样一个问题：很多文学作品都歌颂青春多么美好，你怀念你的青春吗？我的回答就四个字——“一点也不”。学生很吃惊地问我为什么，我说因为我的青春过得太苦了，“痛苦”就是我这十年的关键词。这十年只要你有梦想，你就一定会痛苦；只要你有情感的诉求，你就一定会痛苦；只要你有对社会的赤子之心，你就一定会痛苦。你除了发怒、呐喊，什么都做不了，你能不痛苦吗？你一定是痛苦的。

青春是一个完全倒置的阶段。最大的社会热情，由最没有话语权的状态承接；最大的人生梦想，由个人能力最薄弱的阶段承接。同样，从个人情感上来说，青春也注定是痛苦的。因为这十年是最渴望爱情、友情和他人认同的阶段，但是这十年又恰好是人生魅力尚未形成，也尚未找到合适圈子的阶段。

如果你在这十年中感到非常痛苦，请你不要惊慌，因为这一定是一个正常现象。如果你没有梦想，你的痛苦就会比较少；你不渴望爱情和友情，你的痛苦就更少。很多四五十岁的人，他们已经不渴求这些东西了，所以呈现出一种别样的宁静，但是他们的青春也丧失殆尽了。青春既珍贵，又痛苦，就像是一枚硬币的两面。

我们应该怎样应对这种痛苦？作为一个经历过这些痛苦的人，我可以简单地说几点心得。

努力变成一个拥有社会话语权的人。如果你在20～30岁发现了一些社会的阴暗面，那就更应该确立自己的信心，而不是陷入悲观绝望，觉得这些事不可救药，变成一个愤青。你要争取不断地提高自己的社会身份，这里的社会身份不是一个名利概念，而是一个能够让你发出可以被别人听到的声音的身份，它将帮助你在30岁以后有力量改变这个社会。愤青是只能发现问题而不能解决问题的人，发现问题很可贵，但这不是问题的终点。大家最后要成长为一个能够解决问题的人。

善于利用挫折。你经历的每一次失败、每一次挫折，其实就像存在银行里的钱，都是你的财富。30岁以后你就可以成为一个内心强大、阅历广博、善于思考的人。在这十年中努力提升自己的能力，不要急于看到成功的结果，同时要有见贤思齐的智慧，为自己的梦想铺好垫脚石。积极地向你遇到的所有优秀的人学习，看到他们的闪光点，而不要停留在表面。如果你善于学习，不放过人生中出现的每一个人的长处，30岁以后你就会变得很强大。在这黄金十年里，如果看到比自己优秀的人就产生敌意，你就一定会错过这个成长的机会。不要让痛苦挡住成长的脚步，我们要学会从痛苦中汲取力量，懂得在不如别人的状态下快速成长。

善于利用情感“空窗期”。对大部分年轻人来说，这十年会是情感受挫的十年。遇不到一个合适的爱人，甚至遇不到一个爱自己的人，这都是非常普遍的现象。“空窗期”是非常重要的自我发展时期，我们可以利用这个时期沉淀自己，提升自己，把自己塑造成一个更美好、更有吸引力的人。当我们成为一个更好的自我时，就会遇到更好的人。恋爱的基本法则是吸引力法则，只要我们发出光，就一定会有人向光而来，这是铁律。

学生：普通人如何提高阅读能力?

许多同学问我：在阅读的时候常常读完了却没什么感觉，读了但又好像没读，该怎么办?

别着急，阅读是一个训练的过程，也是一个提升的过程。越是经典的作品，越具有一种魔力，那就是它可以跟我们一起成长。同样一本书，20 岁时读和 25 岁时读的感受是不一样的。

在阅读完一本书后，我们有了自己的体验和感受，然后带着这种体验和感受，多去看看别人的观点和体验，我们就会发现有许多自己没有想到的地方。这是一个非常可喜的瞬间，在这个瞬间，我们对这本书的理解又加深了。就像我在课堂上解读完某本书，下课后有些同学就会给我讲他对这本书的理解，我也会有很大的触动，“原来还可以从这个角度来理解作品”，于是我的理解也被我的学生丰富了。

文学的解读是没有止境的。比如沈从文这位作家，我的硕士毕业论文写的是他，博士毕业论文写的还是他，但我经常会在开会或者阅读过程中，发现大家研究沈从文的新角度，人家想到的我没想到，这就叫无止境。越是经典的文学作品，越是能够给我们提供一个无止境的提升过程，这是一种很快乐的体验。

文学解读是需要交流、需要互相补充的，这样才能互相提升。我们在解读经典文学作品的时候，不要害怕观点不一致。观点不一致就对了，如果大家观点一致，那背下来不就完了吗？只要背下来就能完成解读的文学作品，那得多么浅薄，也称不上是真正的文学作品。

我们在阅读过程中不要担心自己知道的不多，其实很多时候阅读只是一个大家互相促进、互相补充的过程。别人跟自己说的不一样，不代表我们不对，只是各自的角度不一样、层面不一样。我们需要做的是互相了解，只要能够自圆其说，那就可以互相借鉴。

所以我们在阅读的时候，需要不断地聆听来自不同角度的观点和见解，这样才能让自己的阅读能力和理解能力不断提升。

刘擎

不要被“好学生”心态绑架

未经反省的人生，是不值得一过的；但过度反省的人生，是过不下去的。现在我们对待生命的所有活动，几乎都特别注重功效。其实人生是没有功效价值的，因为人人都是向死而生，请不要被“效率最优化”绑架。我们要学会在焦点不清晰的时候，去寻找并确立焦点。

刘擎

华东师范大学紫江特聘教授

已出版作品：

《刘擎西方现代思想讲义》

《做一个清醒的现代人》

《纷争的年代：当代西方思想寻踪（2003—2012）》

《二〇〇〇年以来的西方》

bilibili 账号：

刘擎教授

一、被辜负的“好学生”

小时候，我们觉得受到老师表扬、家长肯定、同学赞赏是如此重要，以致生怕在某场考试或者某个活动中，自己没有取得好成绩。“达标”成了我们的目标和追求，似乎只要当一名“好学生”，完成学校、老师、家长、社会的要求，人生就“达标”了，未来就会变得光明灿烂。

困于“好学生”心态

豆瓣上有个“好学生心态受害者”小组，目前已有超 8.5 万人加入，小组成员们有着各种各样的困扰。他们曾经也是“好学生”，但却在进入职场后，遭遇了各种各样的挫折，发现自己被“好学生”心态束缚，成了“好学生”心态的受害者。

做“好学生”本来就是件天经地义的事情，为什么会出现受困于“好学生”心态的社会现象呢?

在以往好的就业形势下，教育制度似乎承诺达到既定的指标（成绩优异），学生就能有一份好工作，前途就能一片光明，所以那时候做“好学生”是很自然的事情，因为只要遵循标准，大概率就能拥有美好的未来。但现在时代变了，明明自己那么刻苦、那么努力地做“好学生”，连喝杯奶茶的时间都要省下来，结果发展前景却不如平时嘻嘻哈哈、调皮捣蛋的人，“好学生”感觉自己被辜负了，这时才开始反思：为什么会这样，我走的每一步都是对的呀?

经济高速发展时，名校的毕业生带着优秀的简历就能找到高报酬的好工作。这个现象背后其实隐藏着问题：这种人生规划和学习心态只注重可测量的指标性成就，而那些对个人生活、人生发展、人格成长等重要但不可测量的指标都被边缘化了。

毕业生的两个挑战

学校从来没有承诺过，成为“好学生”毕业后就能年薪 30 万元起步。可能是早些年火热的就业环境形成了一种氛围承诺，让大家觉得只要当“好学生”，前途就能一片光明。如果我们现在还以为有这样的承诺，大概率就会被辜负。

现在的毕业生面临两个挑战，一个是时代的不确定性。企业可能突然倒闭或者大规模裁员，毕业生要和被裁掉的、有经验的人在同一个就业市场里竞争。面试时除去简历上可测量的指标，面试官还会关注一些通用能力，比如沟通能力、团队协作能力等。但在学生时代，这些重要的能力并不是考查指标，我们只能通过一次次试错，在失败中成长，进而培养自己的通用能力，就如同品格是在生态系统中养成的，不能用工程的方法去机械地获得。以前，中国一半以上的大学生就业都没有太大压力，但随着国家经济的周期性发展，经济增速放缓后，社会对人才的选择变得更加苛刻，在可测量指标都很优异的前提下，会进一步比较那些不可测量的通用能力。

毕业生面临的另一个挑战是学习新科技。ChatGPT[①] 在不同的人手中能够发挥的价值是不同的，因为他们的使用能力不一样。使用能力不是指打字速度，而是看待事情的角度。当我们带着思考提问时，问题场景越特殊，ChatGPT 给出的答案就越准确。但是，从来没有一门课程教我们如何提问，也没有人来打分，让我们知道自己在这方面能力的强弱。学校已有的可测量指

---

① ChatGPT 是由人工智能技术驱动的新一代自然语言处理工具，它能通过连接大量的语料库来训练模型，具备强大的语言理解能力和文本生成能力，一经推出便引发了全世界的广泛关注和热议。

标是有局限性的，高科技时代的挑战还要求我们具备一些指标之外的能力。

面对各种各样的不确定性，我们只有具备强大的应变能力、思考能力，调动自己的内在驱动力，才能不断成长。

二、过度反思不可取

“好学生”的过度反思，不是对人生意义的终极思考，而是反思自己为什么没达标。他们没有深入地思考“我要成为一个怎样的人”“我要过一种怎样的生活”“如果当下的生活缺乏价值、意义、幸福，我该怎么办”这类人生终极问题，也没有批判地思考指标本身的合理性，而是在未达标的自责中反思“我怎么就输给别人了”“他哪点比我强”，不断地自我规训。

不要被指标绑架

老师一般很喜欢不叛逆、不出格、不越轨、所有事情都按规则办的学生。在某种意义上，这些循规蹈矩的学生叫人放心，确实是“好学生”。因为出格就意味着冒险，个体虽然可能发展出自我发展的驱动力，但也可能发展出与众不同的糟糕特质。而“好学生”没有这种发展的风险，将他人设定的指标作为人生的 KPI[①]，总能在各方面处于平均水平以上，达到“良好”的成绩，但放弃了这种可能性，他们也付出了巨大的代价——人生单一化。

他人设定的指标是明确的，“好学生”的内在需求却是模糊的。绩点怎么样？能不能直接读研？各项比赛成绩是否优异？个人简历是否好看？这就是所谓的自我规训，一旦有任何不守常规的想法，马上就会被掐灭。

我曾说过这么一句话：**未经反省的人生，是不值得一过的；但过度反省的人生，是过不下去的。**只要一次考试或者比赛的结果不好，“好学生”马上就会陷入自我怀疑。究其成因，“好学生”心态受害者似乎并不只是因为太依赖外部评价体系。实际上，没有人能够无中生有，从内心创造出独一无二的自我。自我不可能在没有外界要求的情况下形成，唯我论的自我是幻觉，先天遗传、早期成长、原生家庭、重要的他人都会影响自我的形成。问题的关键其实在于：面对开放、多元的外部评价标准，“好学生”过于封闭地选择了某种特定的外部评价标准。依赖外部评价标准并非不可取，但把灯和窗户全部关上，在被窝儿里蒙

---

① 关键绩效指标，用来衡量某一职位工作人员或是某一部门工作绩效表现的具体量化指标。

着头思考自我，会让人感到非常恐慌和空洞。

这时，我们可能会看向那些非主流的指标，但这要成功是很困难的。我们可能都听过各种离经叛道的故事：主人公选择了非同寻常的人生之路，最后还是获得了成功。在这个幸存者偏差陷阱中，吸引我们的只是少数的成功者，而不是他们选择的路。**那些失败的故事，它们不被讲述，但并非没有意义。**

即便是在同样的指标下，不同人对生活的感知也是不一样的。我们现在被过量的指标绑架了——在学校就是分数，毕业了就是钱，这些是最通用的指标。有趣的是，即使是特别富裕的家庭也未必幸福，因为幸福感和那些可测量的指标并不成正比。无论是职业上的成就感，还是私人的生活质量，生活的幸福感不仅取决于可测量的指标，还取决于很多不可测量的指标——品格、性情、通用能力等。

勇敢探索光的边缘

我们要调动自驱力发展自己，不仅要关注主流的指标，还要探索其他重要的资源，比如艺术活动、体育锻炼、人际交往等。虽然没有即刻的收益，但通过这些活动的熏陶，能力会慢慢培养起来。

一旦被指标绑架，我们就会忽视培养内在强大的自我。强大的自我是人们在非主流、非指标化的世界，探索重要的、精神的、情绪的、情感的、有价值的资源时发展起来的。我们不能只盯着灯照亮的地方，其实在光的边缘，那些不太熟悉的地带会给我们提供非常重要的思想的、精神的、情感的自我。我们要开放地探索，才能发展出强大的自我。

形成“好学生”心态的深层次原因，可能是传统社会有一个超越日常的存在——天道，在学术研究上也叫道统，在一些国家可能是宗教。它不是指标化的，而是一种精神动力，起着激励作用；但在现代社会，它已经非常稀少甚至消失了。

就如同德国哲学家韦伯认为的，世界被祛魅之后的命运是终极的最高的价值从公共生活中销声匿迹。这个祛魅的“梦醒时分”，对许多人来说，在精神上是格外“荒凉”的，会让人茫然若失。信仰失去了以往神秘的根基，而理性主义的科学又不能为生命的意义提供新的根本依据。

“00 后”出生时，中国已经崛起，他们没有“为中华之崛起而读书”那个时代的强大动力了。现在高于个人且特别鼓舞人心的精神性存在太少或者太不容易确定，所以依照一套外在的指标来努力就特别容易，至少它是明确的。但指标背后隐含的前提是完成指标就能兑现承诺，而这个承诺现在已经无法完全兑现了。这就要求我们在这个时代的不确定性中仔细分辨什么是可为的，什么是不可为的，什么是可知的，什么是不可知的；明确它们之间的界限，最终去发现我们能够做什么。

我们无须在指标上斤斤计较，过于追求在同龄人中胜出。有的时候慢就是快，探寻指标之外生命的鼓舞意义，培养热爱生命、热爱生活、热爱自己的内驱力人格，这才是成长。简单来说，在这个不确定的时代，我们需要寻找成长的内在动力，**首先应当变成一个热爱生活和享受生活的人，然后才能享受工作本身，热爱自己做的事情。**

从容地看待时好时坏的指标，客观评价自己的精神状态、生活状态和工作状态，这才是对生命最重要的事情。想要摆脱“好学生”心态的桎梏，我们的心就要向那些对生命而言很重要，但一直被我们忽视的领域、资源和主题重新开放，然后重新学习，重新成长。

工作心法

你不必做“孤勇者”

我们没办法永远处于顺境，因为人无论如何都会遭遇逆境。

如果你现在正在为找工作而烦恼，心情低落，请记住：时代的机运是个人没办法把握的，在风雨兼程的旅途上，依然要保持自己内心的光芒。

每一代人都有自己时代的机运。近几年的大学毕业生大都是“00 后”，2000 年前后正好是中国经济蓬勃增长、快速发展的年代，所以大家多是在顺境中成长起来的。心理学家乔纳森·海特在《娇惯的心灵：“钢铁”是怎么没有炼成的？》中提道，美国的千禧一代遇到一点儿挫折，就感觉受了天大的委屈，相对逆境中成长起来的人来说，他们更加脆弱，更难适应艰难的环境。

我并不主张人需要经历不必要的挫折，像我的父辈那样，认为现在吃苦是在锻炼心性，将来就会有出息。但人不可能总处于顺境，挫折和困难会自己找上门。我们碰到的逆境，有时候和个人遭遇有关，有时候则和时代机遇有着更大的关联。

我们那代大学生毕业不用找工作，因为学校包分配，但个人不能自由选择。另外，我们那代人上大学的机会要比现在少得多，2018 年高考录取率约是 81%，我高考那年（1978 年），高考录取率约是 6.6%，差了 11 倍。再举两个例子，西南联合大学的那代大学生遇到了许多很优秀的老师，但当时的中国仍处于战乱之中，他们中的一些人毕业后就要参军上前线；后来取消高考，很多人没有机会上大学，还有一些人没读完中学就去当“知青”，上山下乡……所以，每个时代都有自己的机遇，都可能造就杰出的人才。随着全球化进程的发展，各国之间相互依赖，未来我们会遇到越来越多的不确定性，会越来越频繁地陷入临时的紧急状态之中。

这个世界充满了不确定性，我们的未来注定不会一帆风顺。那该怎么办？我们不能一直沮丧下去，毕竟生活还要继续。我们要做的不是怨天尤人，而是在逆境中打起精神，努力摆脱消极情绪，重新确立生活的方向感，不沮丧，不颓唐，不荒废。

直面挫折是成长的必修课。没有人天生就具有非凡的品格。大家如果去读名人传记，就会发现无论是运动员、小说家、思想家、政治家，还是医生，他们都是在逆境中逐渐磨炼出自己坚韧不拔的品格。

我并不推崇人要在挫折中才能成长，但是遇到了困难，我们能做的就是让自己变得强大。鼓起勇气，坚定不移地朝着自己选定的方向迈进，这是人生成长的必修课。直面挫折非常具有挑战性，但是战胜挫折会让我们受益终身，因为“压不垮你的，终将会使你变得更强大”。

在前进的道路上，我们并非孤身一人。我们其实拥有各种各样的社会关系，包括父母、师长、亲人、朋友等，这些社会关系都有可能给我们提供帮助。我们一定要学会求助，积极主动地向社会求助，不必做“孤勇者”。

请记住，你不是一个人在战斗。

人生问答

学生：学哲学有什么用？

对专业研究哲学的年轻人来说，接受系统的专业训练非常重要；但对大众读者来说，一定不要被哲学高深的术语和理论吓倒。

哲学对大众到底有什么用？我们经常听到一种说法，说哲学是无用之用，而无用就是大用。这种说法是对的，但太笼统了。我认为哲学对每个人都有着实实在在的好处，这种“有用”体现在当我们获得一种哲学的敏感性时，我们就很少会人云亦云或者以符合流俗的方式讨论问题。

面对模糊不清的事情，哲学能够引导我们重新发问。某机构曾通过“请控制灵魂对自由的渴望”这一表达，呼吁市民在雾霾天尽量待在家里，减少外出。那么我们应该如何控制灵魂的欲望呢？起控制作用的这一部分，是不是也出自灵魂呢？这时我们可以进一步思考：灵魂是不是有内部结构，其中是不是有一种叫“对自由的渴望”，这种渴望是情感、欲望还是理性？控制它的是什么呢？是理性吗？如果是理性，那它会受欲望的影响吗？理性能够永远主导欲望吗？

你看，一句风趣的话背后其实蕴含很多哲学问题。哲学不是一两句漂亮的金句、名言、警句，不是抚慰人心的心灵鸡汤；相反，哲学对我们来说时常具有冒犯性，是有挑战性的。

英国作家蒙克的《维特根斯坦传：天才之为责任》第二十章中记录了这样一个情节：维特根斯坦和学生马尔科姆路过一个报摊，看到报摊的牌子上写着德国政府指控英国试图暗杀希特勒。维特根斯坦评论道，即使这种事情真的发生，他也不会吃惊。马尔科姆则提出异议，认为按照英国人的国民性，他们干不出这种事。结果维特根斯坦听完严肃起来，他生气地对马尔科姆说："学习哲学还有什么用，如果它对你的全部意义，是让你能够像是有道理地谈论某些深奥的逻辑问题，等等，如果它没有改进你对日常生活的重要问题的思考，如果它没有令你在对某些危险词汇的使用上比……记者更谨慎——那种人为了自己的目的使用那些词汇。"

"国民性"是一个大词，让人听上去似乎特别确定一个国家就有它的国民性。英国人的国民性使他们干不出这种"肮脏的事情"。那你真的明白什么是国民性吗？国民性是一个特征吗？是所有国民都具有的吗？它会改变吗？它会受到外部影响吗？它会对一个国家采取的行动产生决定性影响吗？这些问题有一大堆的关联，而且每一个关联都没有那么明确和具有决定性。你如果有哲学的敏感性，就不会随意地下这样的判断。

错误而固化的观点可能比无知离真理更远。面对复杂的不确定状况，人们容易挪用一些大词来建立确定性并将其作为自己的观点，因此很难有耐心去思考各种解释。这种匆匆形成的观点，大概率存在两个弊端：第一，这表面上好像满足了我们想对问题有一个确定认识的需求，让我们拥有了一种观点，但这种观点很可能是错的，或是不全面的；第二，有了观点，我们就很容易固执己见地封闭自己，这就相当于放弃了真正探索问题，获得更好发展的可能性。所以，我们与其坚持一个未经思考的、没有依据的、令人怀疑的观点，不如坦率地说自己不清楚。

所以，哲学的用处主要有两个：一是发问，对于我们好像理解的事情，重新向它的前提发问；二是反思，在日常生活中建立反思意识是极不容易的，哲学能够帮助我们舍弃简单明了但却片面的观点。

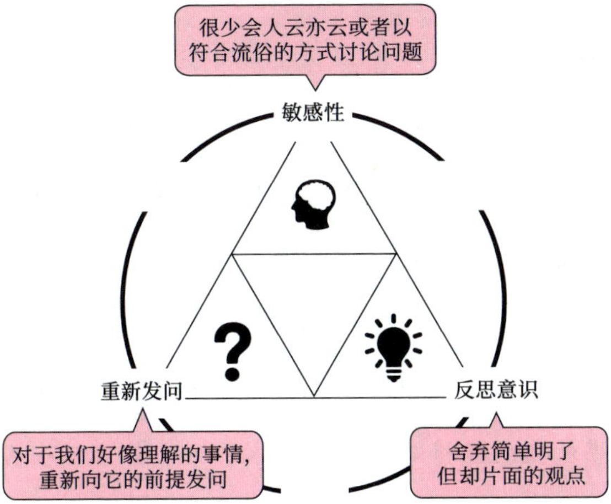

哲学的用处

学生：我们应该如何面对孤独？

孤独难以被描述，但那种似乎跟世界脱节的感觉却十分真切。作为一种现代现象，孤独给人的普遍感受是空虚、无力和无意义。很多人提出了排解孤独的方法，但大部分是不起作用的，不然我们就不会被普遍的孤独感困扰。那么，现代人应该如何面对孤独呢？

爱情已经成为现代人拯救孤独的一种重要方式。在爱情这种亲密关系中，人与人之间有着千丝万缕的联系：从身体到精神，再到趣味，甚至到整个生活。当我们感觉跟世界脱节时，爱情中的亲密关系好像成了传统社会的替代物，时常给予我们灵魂高度契合的感受。《呼啸山庄》和《暮光之城》都讲述了主人公通过寻找灵魂伴侣让自我更加完整的故事。无独有偶，柏拉图在《会饮篇》中也提到人本来是一个球体，有 4 只脚、4 只手，因为得罪天神而被劈成两半，所以每个人生下来就是残缺不全的，是爱把两个人结合到一起，实现了完满。所以，寻找灵魂伴侣让自我更加完满好像是拯救孤独的一种方式。

爱情真的能拯救孤独吗？如果我们幸运地拥有了一段美满的爱情，两个人心心相印，白头偕老，那么爱情确实是孤独的解药。但美满长久的爱情是可遇不可求的——你可以去努力，但努力并不能保证有好的结果。在恋爱初期，两人情投意合，都愿意把自我意愿放在一个优先而非最高的位置，但保持这个状态对双方来说都是一个巨大的挑战。当热恋期过去时，双方的意愿可能就会发生冲突。到最后，如果双方都以自己的意愿为中心，那这段关系就很难维持。这时，爱情就成了孤独的毒药，变成了孤独泛滥的源头。

扩展社交圈是现代人拯救孤独的另一种重要方式。很多人认为独处和孤独不同，但在我看来，这夸大了两者的区别。在古代社会，独处不一定会导致孤独，是因为古人拥有超越性的存在支持；现在我们失去了超越性的存在支持，所以就需要网络支持来帮助我们对抗孤独。当今网络社会，似乎出现了一个悖论：社交媒体的发达并没有减轻人们的孤独，反而使孤独更加普遍和显著。以前一封信需要通过邮寄才能送达，通常三五天后才能得到回应；现在我们在微信上发送的消息，马上就能得到回应。

《孤独传：一种现代情感的历史》的作者艾伯蒂在第五章提到了**晒图焦虑症**，这涉及一种广泛而肤浅的社会交往方式。这种交往方式只是通过分享，把自己美化后的生活照片放在朋友圈里等待点赞，进而获得一种自我价值感，并且我们也用这种方式回馈朋友。在我看来，这种社会交往方式让我们形成了一种“自己有很多朋友”的幻觉，但这种“朋友”和传统社会中“朋友”的含义是非常不一样的。由于我们展现的是生活中比较美好或者过度美化的一面，很容易对朋友形成压力，无形中的“美化竞赛”

让我们不愿意表达自己消极、灰暗、受挫的一面，所以这种朋友关系多是局部的、外在的、肤浅的，无法给予我们有力的支持。

现在打开你的微信好友列表，可能里面有几百甚至上千人，但这里面有多少人在你急需物质帮助（比如生病）或者情感帮助（比如失恋）的时候，可以让你没有丝毫顾虑地通话求助？如果有一个，那还算不错；如果有两个或者三五个，那你的人品一定非常好。对年轻人来说，在这个时候往往求助的还是父母。

社交媒体带给我们一种虚假的满足，让我们好像能够短暂地告别孤独，但它只是止痛片，根本不能治愈我们。美国社会学家大卫·理斯曼在 1950 年出版的《孤独的人群》中介绍了三种人格类型：传统导向型（tradition-directed）、内在导向型（inner-directed）和他人导向型（others-directed）。理斯曼认为中世纪的人是传统导向型人格，他们遵循惯常的礼教、风俗行事，不太容易产生孤独感。文艺复兴和宗教改革运动催生了内在导向型人格，这种人的个人价值观受人文主义或理性宗教引导，内心比较充实。20 世纪中叶以后，美国的主流人格从内在导向型转变为他人导向型，因为那时候的经济生活已经不仅仅要满足人的基本生存需求，还要满足更高层次的消费需求。消费文化让人们产生攀比心理，只把自己好的一面展示出来，而难以公开表达的、更隐秘的那一面被隐藏了起来。表面上交往好像很频繁、很热闹，但因为缺乏深度，实际上大家仍处于孤独之中。

总而言之，现代人拯救孤独主要有两种方式：一种是通过爱情，在这种亲密关系中，人与人之间的联系是深刻的、多方位的，但爱情同时也是高风险的，美满的爱情可遇而不可求；另一种是通过广泛的社交网络，但广泛而肤浅的社交关系会让我们“空心化”，这样的交往表面上很热闹，实际上不能帮助我们建立真正有力量的情感纽带。

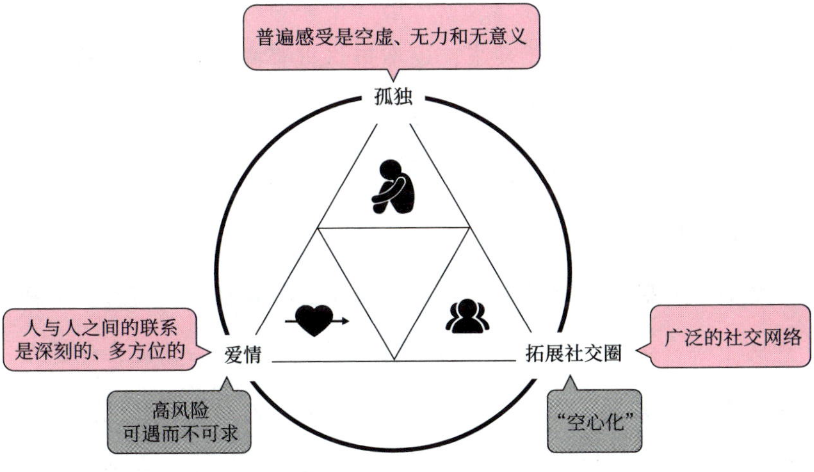

现代人拯救孤独的方式

自由和孤独其实是共生的。我们能否既享受个人主义的自由，又不被孤独带来的挫败感、无力感困扰？这仍然是可能的。

首先，我们要预防以自我为中心的个人意愿主义，即把自己的喜好和意愿放在最高位置，而没有真正识别和反省自己的需求。现在经常有人建议说，你如果想避免孤独，就要变得独立，不管别人说什么，都要坚持自己，包容自己。但是，我们真的能够接纳一个不够喜欢、不够满意的自己吗？想要接纳自己，我们首先要做的就是挑战自己，变成一个走出舒适区、不断去成长的生机勃勃的自己。

其次，在独处时学会深度的自我反省。我们刚开始独处沉思的时候，会有惶恐的感觉；但慢慢地，我们会重新思考自己经历的人和事，通过回顾、反省，逐渐辨识出哪些是需要改善的，哪些是需要扩展的，而哪些是需要戒除的。

在孤独中的思考不是排除他人，恰恰相反，是把我们与他人的互动不断地关联在一起。我们的见解和认知需要通过与人的互动才能得到验证，这就需要我们有勇气去袒露自己。因为从某种意义上讲，分享一首歌、一部电影、一本小说、一篇文章就是在暴露自己的品位、偏好甚至价值观。如果我们只是想取悦他人，得到一个即刻的肯定，那只需与人分享当下流行的、大多数人喜欢的事物，因为深度的自我袒露很可能引来他人的说三道四。

但是，所有信任都需要深度的自我袒露，我们的坦诚会激发对方的坦诚。这样的冒险或许会带来不愉快的结局，但没有这样的冒险，我们就不可能建立深层次的人际关系。

最后，在共同事业中勇敢地构建小共同体。实际上，相比私人交往，我们在共同事业中更有可能构建真正的共同体，它既是一种情感联系，也是一种精神纽带，更是一种有意义的共同体。在共同的事业、共同的目标，甚至共同的爱好中，我们都可以勇敢地去构建小共同体。这些小共同体赋予了我们一种更大的意义背景，能够给予我们现代人所稀缺的超越个体力量的支持。

孤独中的自我成长和深层次的人际交往相辅相成。在生活中，我们会发现，越能够承受孤独的人，灵魂就越有趣；越能够享受孤独的人，越能有效地开展与人的深度交往。这或许是能够突破现代生活中自我中心主义和唯意愿论困境的一条出路。

害怕孤独的人大约是害怕自己，因为肤浅而不敢深究自己，或者因为自己过于复杂纠结，而不能够明辨自己。承受孤独的能力，是一个人灵魂深度的显现。

学生：顺境和逆境哪个更有利于个人成长？

我身边有一些朋友家境特别好，觉得小孩子日子过得太顺利了，于是把孩子送到“吃苦夏令营”，让他们去经受各种考验，希望孩子在未来的成长中会更有毅力。我觉得这可能不太有用，因为小朋友知道那是短暂的，他们一定能熬过去。

关于顺境和逆境哪个更有利于个人成长的问题，大家可以举出不同的个案。我有些怀疑这种说法，因为一个人在逆境中坚韧不拔，最后获得了卓越的成就，他在顺境中就不能达到这个境界吗？同样，在顺境里取得成就的孩子，说不定在逆境里也可以达到这个境界。

心理学家做过一个实验，把基因几乎相同的同卵双胞胎放在完全不同的家庭环境里分开抚养，他们最终成长的结果是差不多的。所以生活中人的成长结果大概有50%的部分是由基因决定的，成功的人不论在顺境和逆境都会成功。虽然环境不同，但个人的心智、性格在成长过程中起着主导作用。

如何界定顺境和逆境？既有客观的标准，也有主观的判断。一个每天只有50元生活费的人，生活费标准涨到了100元，这对他来说就是顺境；但对每天本来有500元生活费的人来说，这100元的生活费标准就是逆境。虽然顺境和逆境存在客观的判断标准，但对标准的感知也影响着我们的判断。

这里的“境”字既是客观的境遇，也是主观的心境，心境和境遇一起构成了我们判断顺境、逆境的标准，这个判断背后还包含了我们的目标和对未来的期许。比如，一个跑步爱好者以学校运动会的百米跑比赛冠军为目标，这个目标对他来说是有可能实现的，他就不会视其为逆境；但他若以奥运会冠军为目标，这就会变成一个难以逾越的逆境。所以顺境和逆境不只是对现状的判断，还与未来的目标有关。

每个人都会经历逆境，所以我更偏信“逆境使人成长”这个说法。正因为顺境和逆境跟主观感受有关，在某种意义上来说是相对的，所以一个在客观标准的顺境下成长起来的孩子，可能在未来会有更多感觉自己身处逆境的时刻。他习惯了那些有利于目标达成的因素，习惯了获得支持性的条件，习惯了能够比较轻易地达成自己所期待的目标，但生活不会永远都是这样。当一个目标达成后，我们就会有更高、更远的目标，总会面临缺少支持性条件的情况，其中一些条件也许可以通过金钱得到满足，但有些则需要广泛的人脉、他人的信任、个人的魅力、团队的组织能力等才能得到满足。没有人能够保证一个生活在富裕家境中的人就不会遇到逆境。所以在顺境中成长起来的人，往往会对不利因素更加敏感，主观上更容易产生身处逆境的感受。

逆境也许更有利于个人成长。在逆境中锻炼出来的能力有利于我们成长，能够帮助我们树立更高的目标，无论这个目标是事业的、社会生活的，还是公益的、亲密关系的，这大概是逆境有利于个人成长的理由。

人当然在顺境中比较舒服，在逆境中不太适应。如果逆境终会出现，那我们如何培养自己应对逆境的能力呢？就是要练习跟逆境打交道，发现自我成长的潜力，进而获得应对逆境的强大能力。

最后，我们来聊聊什么是“成长”。在很多人眼中，成长就是成功：事业成功，学术成功，创业成功……但在我看来，成长还有另一种标准——你是否过上了幸福的生活。

主流观点认为，成长是成为一个各方面素质都非常均衡的人，具有开阔的视野、辩证的思维能力、良好的人际交往能力，能够以开放的眼光看待世界和他人，内心温和却有力量。但这是“成长”的唯一标准吗？成长的标准是否也可以多元化呢？按照前述标准，凡·高和尼采都不是各方面素质均衡的人，那他们经历的挫折与苦难难道都不算成长吗？

如果以亚里士多德的“中道”或者孔子的“中庸”作为成长的标准，那么我们待在舒适区和走出舒适区的比例要恰当。既要让自己经受挑战，又要确保挑战难度是适中的，不能一下子就把我们压垮。心理学家做过研究，就学习内容而言，最均衡的配比是 80% 容易掌握，20% 较难掌握，这样既有挑战性，又可以获得成就感，有利于学习的进步。

总的来说，好的目标是要“跳起来能够得着”。如果当下的你跳起来够不着，也不要着急，不妨先找一个低点儿的目标去够，慢慢地培养自己的弹跳力。

钱婧

真诚善良是职场“必杀技”

攀爬职场阶梯的终极目标不是成功后受万人敬仰，而是成为一个更贴合自己的人；不是变成更好的自己，而是成为更“自己”的自己。人越有能力和资本，就越能贴合自我，就越不会发虚，而是会有一种脚踩大地的真实感觉，所以说真诚善良不仅是职场“必杀技”，更是一种健康的生活方式。

钱婧

北京师范大学经济与工商管理学院教授

已出版作品：

《学术“咸鱼”自救指南》

《“百岁时代”下的老年群体：特征、需求与赋能》

《信息捕手：组织中的反馈者与寻求者》

bilibili 账号：

钱婧老师

一、职场中有哪些常识

有人的地方就有江湖。在学校这个江湖里摸爬滚打多年的学生，在进入“职场”这个江湖时，需要做哪些思考和准备？今天我们就来聊聊从学生转变为职场人所需要的 5 个关键能力点。

第一个关键能力点是“宽厚和耐心”。很多时候，人类的行为基于自身对事实的认知和感知，而不是事实本身。人类的认知和感知非常多元，通常是“他以为的是他以为的，而你以为的是你以为的”。职场中的人不是一件一件的商品，而是一个一个的个体，不同人对同一个问题的认知很可能千差万别。正因如此，利益上的矛盾和冲突就一定会出现。我们在职场中，一定要牢记“多元”的存在，开阔心境，抬高视野。我们经常说的“多元”指的是人口统计学中的多元，事实上人类终极的多元在于思维、感知和认知的不同。大家一定要记住这个底层逻辑，把人生调成简单模式。这背后隐藏的关键能力点就是宽厚和耐心，我希望大家成为“心胸像大海一样宽广”的人，看人能多元，看事情能多角度。当我们以宽厚、耐心的视角重新审视职场中的人和事时，就会发现人、世界、职场，以及人和人之间的关系会变得完全不同。

第二个关键能力点是“贴近职场的勇气和能力”。具体要做好以下 5 个方面。

其一，利用好互联网资源库。我们经常听到“学生思维”这个词组，那什么是真正需要注意的学生思维呢？我认为就是“走一步看一步”，非常抗拒并有意疏离职场，这是我认为最应该调整的学生思维。很多同学会问：“我也不了解职场，这和我有什么关系？”其实不是这样的，我建议每一个大学生都应该把了解企业的招聘需求当成自己的业余爱好，让其成为日常生活的一部分，比如说大家可以有意识地去下载一些求职 App（应用程序），浏览一些招聘网站，把各种岗位的描述、目标和要求都罗列出来，跟自己日常的学习生活进行对照。我们对毕业以后的工作可能有着不同的想象，但不能仅停留在想象层面，还要往前走一步，看一看真实世界——工作内容是什么，年收入如何，跳槽会面临什么样的情况。比如，当我们确立了未来的工作目标后，就需要提前去看看工作的岗位、就业的城市能不能符合我们对未来工作的预期。

其二，利用好“职场原生家庭”的资源。现在大家讨论比较多的一个词是“原生家庭”，那么“职场原生家庭”是什么意思？举一个简单的例子，我们熟悉自己的家庭成员，了解二大爷、三大姑的性格，他们也会分享自己在职场中的经验、教训，这些因素共同组成了我们的“职场原生家庭”。我们仔细观察职场中的那些佼佼者，就会发现他们大都跟家庭成员就职场中的经验和教训有过充分的交流。他们的察言观色不是课堂教的，而是通过社会学习，观察并模仿习得的。有的人长袖善舞，观察他们的父母，就会发现他们的父母非常擅于交际。所以我鼓励大家充分利用自己原生家庭中的一些资源，不要认为“爸爸妈妈是普通人，没什么资源”，实际上，普通人也有普通人的社交手腕。人的很多能力和意识都是在潜移默化中形成的。上大学的时候，有一位教授别人都不见，只见我，因为他欣赏我。你们知道他欣赏我什么吗？仅仅是我每次离开他办公室的时候，都给他关门。其实我一直有这个习惯，是小时候家里人教的。你说这个重要吗？没那么重要。但你说这个不重要吗？别人请教他一个问题，很难找到他；但只要我给他发邮件，他大部分时间都会很快回复我。所以大部分人不是没有时间见人，只是没有时间见你。

其三，努力接触真实样本，跟身边的人真实地交流，尤其是正能量的人。职场中有些人其实没有那么惨，但就是喜欢跟人“卖惨”，把负能量传递给你，让你觉得怎么折腾都没用，产生一种有缺憾的职场价值。实际上，人家好着呢，生活蒸蒸日上，却把你影响得特别丧。

其四，注重课堂上专业知识的学习，不断精进，学以致用。

其五，重视实习经历和工作业绩。大家一定要有经营自己实习经历的意识，并努力在实习中做出业绩。

早一点儿贴近职场，我们就能早一点儿熟悉职场；而早一点儿熟悉职场，我们就能减少对职场的恐惧，减少经验积累的时间。

第三个关键能力点是“选我所爱，爱我所选”。很多人都听过“选择大于努力”这个说法，也有很多案例可以与之印证。但对普通人来说，我们没有能力做出跨越时代和先于时代的选择，能做的只有持续地努力，在这个过程中睁开双眼，做一个有心人，不断地调整自己，这可能就是我们普通人所能掌握的命运。一定不要过度地美化选择，大部分人其实都是经过不断调整，才做出最后的“选择”。此外，我们还需要培养职业精神，把自己经营成成熟的职场人。不管在什么时代，兢兢业业、勤勤恳恳的人都不会被辜负。作为普通人，绝对不能放弃勤恳的品质。

我第一个月发到手的工资只有 3000 元，但我从来没有怀疑过大学老师这份工作的好。宇宙运行的法则十分奇妙，很多人称之为“吸引力法则”。一旦我们认定自己选择的工作是最合适的，世界观都会发生改变。而一旦我们怀疑自己的选择，就只能看到事情差的一面，心情就会低落，觉得他人给予我们的反馈也会变差，周围的环境就会越来越差。

第四个关键能力点是“珍惜拥有，不卑不亢”。面对学历通胀[①]，我们需要珍惜自己所拥有的学历。无论是本科、大专，还是高中、初中，我们拥有的每一个学历都值得被珍视，因为它们都是靠我们自己的努力得来的，甚至可能是很多人梦寐以求的。此外，不要过度“美化”自己，也不要过度抬高难度。我曾经问过一位外企的人力资源总监：“有三年工作经验的本科生薪酬为什么高于多读了三年书的研究生？”人力资源总监的话发人深省：“因为本科生这三年是在为公司做贡献，而研究生读书的那三年是在为自己做贡献，如果给了研究生更高的薪资和职级，那才是不公平。”所以我们要中立地看待“学历能给自己带来的到底是什么”这件事情，并非高学历就应该带来更高的收入和社会地位。很多时候，学历是一个筹码，工作经验也是一个筹码，学历的筹码并不比工作经验的筹码高贵。

第五个关键能力点是“真诚善良”。有一次线下讲课，学生问我：“对普通人来说，什么能力最重要？”我回答“善良”，所有人都笑了。还有人追问：“善良也是一种能力吗？”善良当

① 指随着经济的发展和教育体系的完善，高学历的人随处可见，其中不少高学历者不得不面临失业或低聘就业的境遇。

然是一种能力，佛教中说我们每个人都有 108 个理由去作恶[①]，而我们保持了善良，这难道不是一种能力吗？

互联网上有很多职场博主建议“不要在职场里寻求真善美”“不要当职场里的‘傻白甜’[②]”，但我认为最高明的职场能力就是善良真诚，宁可傻一点儿，也不要精一点儿。因为我们都是从学生一路走过来的，没有经历过那么复杂的环境，炼不成“人精”。在职场上，如果不能长袖善舞、左右逢源，那不如始终保持真诚善良。很多时候脱离自我是件很难受的事情，保持真诚善良至少可以让自己心里舒服。大家都说“人设”容易崩，但我们就是一个普通的小人物，如果只是想在短暂的职业生涯里做一点儿对社会有益的事，人设就永远不会崩塌。攀爬职场阶梯的终极目标不是成功后受万人敬仰，而是成为一个更贴合自己的人；不是变成更好的自己，而是成为更“自己”的自己。人越有能力和资本，就越能贴合自我，就越不会发虚，而是会有一种脚踩大地的真实感觉，所以说真诚善良不仅是职场“必杀技”，更是一种健康的生活方式。

---

① 佛教认为人的烦恼有 108 种，谓之“百八烦恼”。

② 网络流行词汇，有两种意思：一是指桥段有些老旧，但温柔甜美的爱情故事；二是指这类爱情故事中的女主角，没有心机，可爱不做作。后来逐渐在指代人时含有一定的贬义。

二、在工作中如何遇到“贵人”

在工作中如何遇到贵人，我想分享两个“独家秘籍”。

第一个秘籍是“积极的注意力偏好”，更通俗地讲，即“把别人当成伙伴”。我们观察一下周围的人就会发现，有的人看待事物天生就是积极的，会习惯性地说“可以”“好的”“行”“我试试看”。但有的人不论你跟他说什么，他都觉得“这不行，那也不行”“不对”。在这方面人与人之间是不一样的，这是一个人的行为习惯。我鼓励大家从今天开始尝试着多说“好”，哪怕是不认可的东西，我们也可以试一试，而不是直接就反驳。

第二个秘籍是“语言习惯”。我有时候说话挺生硬的，但我带的一位研究生特别喜欢跟我说“嗯嗯，好的”，在他的带动下，我也变得喜欢说“嗯嗯”。现在我凡是看到有点儿上年纪的领导说话特别生硬，我就会想着说“嗯嗯，好的”去带动他。过一阵，这个看起来有点儿上年纪的成年人跟我发微信的时候也会说“嗯嗯”，我想起来都想笑。这就是人与人之间营造的一种语言习惯上的氛围感。很多时候我们去办事，办的就是营造氛围感，氛围感到了，事情就水到渠成了。

三、如何获得职场安全感

我们通常觉得安全感就是找到一份稳定的工作，但是稳定的工作和安全感之间并不能画等号。在很多人看来，大学教师是一份既稳定又安全，还特别适合女孩子的工作。但我已经在大学任教 11 年，没有一天有安全感，因为每天我都要学习新的东西，没有稳定的感觉。

职场中的安全感，主要来自以下 3 个方面：

第一，职业有“护城河”。面对外部竞争，这便会有一种安全感。比如在大学教书这份工作，“护城河”之一就是需要有个博士学位和日日夜夜的学术积累。相比之下，自媒体人的安全感会弱一些，很多时候类似的号出现几个爆款之后，可能就会被反超。

第二，职业有累积性，能够获得年龄的安全感。什么是“累积性”？就是干一年和干十年是不一样的，干十年和干八年也是不一样的。一般的工作在前三年都有累积感，收入可能会增加，职场地位可能也会有所提升，工作经验的累积感是肉眼可见的。但很多工作从第五年开始到第六年，从第六年到第八年，从第八年到第十年就没有那么明显的累积感了。换句话说，就累积感差的工作而言，30 岁有八年工作经验的人和 25 岁有三年工作经验的人实际上没有多大差别。其实累积感才能给我们带来非常重要的安全感。我现在快 40 岁了，在学校里姑且还能算是青年教师；但在职场中，可能已经被认为是非常资深的老员工了。

第三，自我的不断迭代，能够提升面对同僚竞争时的安全感。真正的安全感还是来源于自我的不断迭代和与时俱进，大家不要通过找一份稳定的工作来寻求安全感，这在很多时候都是缘木求鱼。何况现在市面上大部分所谓的“稳定工作”，在未来可预见的时间里也没有那么稳定。

这引出了一种重要的能力，那就是“通过自我不断迭代给自己安全感”。我们需要接受不断的变化，不断地学习，不断地发展，愿意去“归零”和“重置”自己。

最后，我希望大家都能够“爱自己，拥有自己”，因为爱自己，才能爱世界。新一代的年轻人经常把“爱自己”当成口号，但据我观察，他们大部分还不够爱自己，很多时候只要稍微自我一些，他们就会产生愧疚感和委屈感。大家还是会被社会束缚，一旦回归到自己就会觉得太自我，耳边又会响起那句“人不能太自私”。大部分人其实都没有充分地爱自己，包括做选择的时候，我们有真正看到自己的需求吗？可能也没有。正因为我们没有充分地爱自己，所以也就没有余裕去爱别人和爱世界。为什么别人让我们付出的时候，我们会感到委屈和愤怒？就是因为没有好好爱自己的人是不愿意好好付出和爱别人的。

心无余裕，无物可给。人要好好地爱自己，才会爱别人和爱社会。爱自己才能过得舒心、舒服，才能对别人好，给别人创造价值。而在这个过程中，我们也会充分体会到人生的意义，人一旦觉得人生有意义，活得就不慌，就能继续滋养自己。

希望每一个人都能好好地爱自己。

工作心法

做一个开阔舒展的青年

“我深怕自己本非美玉，故而不敢加以刻苦琢磨，却又半信自己是块美玉，故又不肯庸庸碌碌，与瓦砾为伍。”中岛敦《山月记》中的这句话是很多年轻人的缩影：明明不愿社交，却又害怕独处的孤独；明明想要得到工作机会，却又羞于努力争取；想展示自己，让自己更加出众，却又缺少底气，总是瞻前顾后、小心翼翼……正是这样的“拧巴”心理，让我们的工作和生活平添了许多痛苦和疲惫，也带来了很多不必要的烦恼。

面对快节奏的工作和生活环境，越来越多的职场人试图追求一种“松弛感”，渴望过上一种舒展、轻盈的生活，拥有一个延展的人生。但理想和现实之间存在的鸿沟却难以填补，口中说着“生活不易，要 chill（意为“放松”）一点儿”，但工作和生活带来的高压力，甚至让人难以喘息。那么，在这个“人均焦虑”的年代，面对来自工作、生活的压力，我们究竟怎样才能从容、舒展地活着，主导自己的生活？

不沉迷“避坑”，爱自己，再狠一点儿，可能都是一种解。

睁开双眼，管他“上岸”不“上岸”，我只希望你爱自己，爱世界，做一个开阔舒展的青年。

“避坑”心态：吃亏可以是福

最早接触“避雷”“避坑”这些词，是我在视频平台直播的时候，无论是在直播的弹幕中，还是在视频的留言里，总会看到前来讨教“避坑指南”的同学。“选导师有哪些坑？”“投论文有哪些雷？”“对‘研0’‘博0’[①]的学生有哪些劝告？”……关掉视频平台，转头又看到社交平台也同样充斥着不少“避雷帖”，从校园职场生活到衣食住行的方方面面，广大网友都在“热心”地分享自己的经历，其中既有相关经验，也有吐槽抱怨，而这样的内容往往会收获不错的点击量。

不难看出，人们有一种强烈的“避坑心态”，本着不吃一点儿亏的原则，想拥有一本能躲避所有障碍、直接通关的宝典。于是乎，在每次行动之前，人们都要先看似很严谨地“排雷”“避坑”，根据他人的分享和经验，一番权衡、研究之后，再着手去做。

① “研0”“博0”是已经确定录取，但是还没有正式入学的“准硕士研究生”“准博士研究生”的代称。

这样的思维方式是完全错误的吗？当然不是，利用现有资源，依靠别人的经验，帮助自己少走弯路，早日“走上人生巅峰”，自然是省时省力的捷径。

但人这一生不犯一点儿错，不踩一点儿“雷”，不吃一点儿亏，呈现出100%“盈利”的状态，并不见得是一件好事。延展时间疆界，从长远的角度来看，这样的“满分”捷径表面上是占了大便宜，实则是在吃亏。因为在绝大多数的时候，创造力是在生活的磕碰中得来的，是建立在经验和知识的基础上的。而当最初的经验参考逐渐变成照搬照抄，创意、创造力及人生中潜在的机缘也在无形中被剥夺了，思维也容易被禁锢住，做事就会变得缩手缩脚。

并不是所有事情都有一个“避雷大全”，也不是所有经验之谈都适用于每一个人。当找不到标准答案的时候，已经养成“避坑”心态的人就会很容易因为惧怕掉到未知的“坑”里，变得畏首畏尾、徘徊不前，甚至直接选择逃避，或因为答案无法完全套用，而陷入反复的纠结。相反，一个人一旦不惧怕挫折和失败，允许一切发生，就会有勇气去摔打、碰壁，“那些杀不死你的，终将使你更强大”。让一切经历为自己所用，获得属于自己的经验，会让人生的脚步更踏实、更从容。

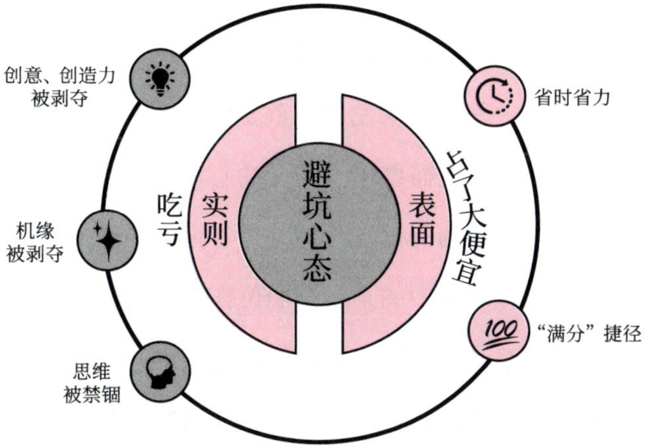

避坑心态

“佛系”青年：可“躺”可“卷”，科学“躺平”

面对职场中的“996”[①]“007”[②]，一时间与之对抗的“摆烂”“躺平”在年轻的职场人之间流行起来，但现实往往是嘴上说着拒绝“内卷”，身体却诚实地秒回“收到”；天天喊着要“裸辞”，每月月底还是拿全勤奖。于是，心里的“躺平”和抗拒与行动上的被迫“内卷”形成了一种极限拉扯，最终沦为一场精神内耗。在工作中总追求“既要又要还要”，但结果往往是一场空。而实际上，找到“躺”与“卷”的平衡点，我们才能让日子过得舒心。

对于手中的工作，我们可以划分为两大类：短线任务和长线任务。一般来说，我们对待短线任务总会铆足劲儿向前冲，而对待长

① 指早上9点上班，晚上9点下班，一周工作6天的工作制度。
② 指从0点到0点，工作24小时，一周7天不休息的工作制度。

线任务则总会觉得往后放一放也无大碍。实际上，一件能长期贯穿工作生活的事情，其对未来发展的重要性和价值不言而喻，而随着时间的延长，我们也需要用“卷”的心理来保持初心和热情。我们可以将长线任务的目标进行拆分，并把主要精力放在每一个小目标上，比如将职场中的某一个职位作为长线任务的目标，再将其拆分成所要参与的项目、获得的技能、提升的能力、拥有的背景……对每一个小目标全力以赴，最后这些“小事”都会成为达成长线任务的基石。而面对其他支线任务的时候，只要不影响大局，偶尔“躺”一下、松松手，有张有弛，也无可厚非。

在情绪与行动的平衡上，我们可以选择在情绪上放松一些，不必将自己逼得太紧，而将注意力集中在行动上。内心焦灼不安，眼看最后期限不断逼近，但还是忍不住刷一会儿短视频，擦擦桌子，收拾一下房间，拖到最后再突破自己的“极限”。这样的场景我相信出现在很多人的工作、生活中，情绪的焦虑和行动的迟缓相互作用，尽管已经百爪挠心，工作却毫无进展。其实，行动才是消除焦虑、控制情绪的对症“良药”，积极行动起来，情绪自然也会得到舒展，人也会变得轻盈起来。

我们都在努力找寻最适合自己的工作和生活方式。既不盲目，不激进，也不停歇，对大多数普通人来说，已经是一种很难得的自洽的生活状态。愿我们都能以放松、舒展的姿态，过好这热气腾腾的生活。

人生问答

学生：不听父母的话、不回老家就是不孝吗？

有时候，父母会打着“为你好”的旗号来满足自己“膝下有子女”的私欲，让子女留在身边。他们考虑问题是从自身出发的，而没有从子女的职业发展规划出发。孝顺父母的方式有很多种，并非只有听父母的话、回老家才是孝顺。

“成人化”很重要的标志就是产生自主意识，这既不是对立反抗，也不是盲目听从。如果一不顺着父母的意思，他们就黑着脸，说我们不孝顺，那这其实就是PUA①，父母的意愿很容易成为加重我们心理负担的枷锁。很多时候，父母之爱的伟大就在于成全，真正爱孩子的父母会理解孩子的远行。

先爱自己，我们才有能量去爱别人。我们常说要有“被讨厌的勇气”，有时候我们也需要有“被父母讨厌的勇气”。

---

① PUA，是英文“搭讪艺术家”的缩写，后来使用范围不断延伸，目前多指一方通过精神打压的方式，对另一方进行情感控制。

学生：见到领导就想躲怎么办?

很多人在职场中的痛苦都来自人际关系产生的焦虑。

在职场中，如果跟上级相处有困难，很可能是受原生家庭的影响。因为长辈其实是我们最早接触的权威形象代表，如果小时候和长辈的人际关系不融洽，那么在职场中也很难处理好和领导的关系。在垂直人际关系中得到的负面反馈可能会造成心理创伤，让我们患上创伤后应激障碍，当再遇到类似的人际关系时，权力距离又会拉开彼此的关系，熟悉的、难受的感觉再度袭来，唤醒我们不健康的人际相处模式。

实际上，人际交往能力是练出来的。有的人从小到大跟长辈相处得都很融洽，熟悉处理人际关系的方法，能驾驭各种人际关系。在职场中，这些能力会被重新唤醒，所以这些人能够很自在地和领导相处。

我是一个典型的在省会城市长大的小孩儿，父母举全家之力培养我，从小就一直要求我，而不是需要我。我和父亲的沟通比较少，也非常害怕和他相处，所以即使我已经工作了十多年，还是特别敬畏领导，上下级的权力距离会自动产生。

归因不是为了归罪，探究原生家庭是为了找到原因后让自己释怀。比如我们害怕和领导相处，不是因为自己不好，而是因为我们在家里没学会处理这件事。我们可以自我重生，慢慢去习得这种能力。此外，归因还能帮助我们找到自己特定的心理运行模式，了解到这些模式是可以被调整和优化的。只有改变长期习得的心理行为，打破自动化的心理运行模式，构建一个新的心理秩序，我们才能获得新生。

想要升职加薪，就千万不要当“小透明”，因为职场中的大忌就是“透明”，我们一定要有“存在感”。见到领导，不要耻于往前凑。想象一下，如果你是领导，你会把机会给谁？是一遇事情就退缩的人，还是只要有需要帮忙的事，就第一时间赶来帮忙的人？领导也有自己的晋升需求，所以和领导最融洽的相处方式就是帮助领导晋升，然后让他带着你一起升职。

学生：年轻人应该如何理财？

理财能力和智商、受教育程度可能没有关系。拼命赚钱的人，最后存的钱可能比不过会省钱的人；会省钱的人，也可能比不过会管理钱的人。只有正确看待人和金钱的关系，人生才能真正幸福。以下四个关于金钱的原则，简单朴素又发人深省，不论你是新手还是“老鸟”，都可能从中获益。

第一个原则，每个人的金钱观都是独一无二的。我们的出生年代、原生家庭、成长经历、生活环境各有不同，对金钱的认知和态度自然也不一样。夸张地说，一个人对金钱的认知也许只有 0.01% 符合现实，但这却构成了他金钱观的 80%，甚至更多，所以在我们看来完全不可理喻的事情，对其他人来说可能是合情合理的。我们要用能够让自己踏实睡觉的方式去管理金钱，不需要向跟自己情况完全不同的人学习经验。每个人都可以拥有自己独一无二的财富管理方式，处理好自己和金钱的关系，因为每个人的成长环境都是独一无二的。你可能会问哪种金钱观才是正确的，实际上，我们在处理自己和金钱的关系时，必须在正确和幸福之间做选择，这样的策略才能够持久，进而靠时间来取胜。

第二个原则，学会知足。纵观现代金融历史，我们会发现很多在金融行业叱咤风云的人物，都是因为无法遏制人性中天然存在的贪婪，才让自己毕生的积累毁于一旦。我们普通人在日常生活中，也会有被贪婪左右的时刻。比如你以每股 10 元的价格买入一只股票，预期涨到每股 20 元就抛售，但真的涨到每股 20 元时，你会抛售吗？你刚开始可能会非常开心，但没过多久就开始纠结，盘算着要不要卖，想着按照现在的上涨势头，股价说不定能涨到每股 30 元。为什么你想等到每股 30 元再卖呢？因为同事最近买了一个新手机，如果股价涨到每股 30 元，那么你也可以去买一个新手机，就不会被同事比下去。这就是人性的贪婪。这只股票真的能涨到每股 30 元吗？很难说，但可以知道的是贪婪一定会随着价格的上涨而上涨。在买卖过程中，很多人就是因为贪婪，没有等来股价的持续上涨，而是等来了股价大跌，在跌了几次后甚至无法保住最初每股 10 元的成本。

长期坚持一种投资方案本身是值得倡导的，但随着股价的上涨，我们的欲望也在不断扩大，这是一个无止境的过程，很难及时抽身。很多时候，真正的危险是被逐利心态牵着鼻子走。如果盈利已经大大超过预期，那逐利心态就要适可而止。按照自己预设的目标果断抛售或者先抛售一半，都是比较理智的做法。不要纵容自己的欲望跑在满足感之前，也不要加入这场无人能胜的攀比战争，因为这会让我们在财务上陷入非常危险的境地。幸福等于拥有的减去期待的，学会知足，放低期待，不要让期待随着获得不断疯长，这样才能摆脱消费主义的捆绑和自身欲望的驱使，获得快乐和满足。

第三个原则，财富带来的幸福是它赋予我们的自由。财富有一种看不见的价值，在我们没有把它花出去的时候，它能够为我们提供选择、灵活度、可能性和成长空间。总的来说，财富就是我们追求的“自由”，这也是金钱和幸福的关系的本质。最近有个热门话题叫作“00 后整顿职场”，说的是一些年轻朋友在面对职场的种种不合理现象时，不再像前辈一样能忍则忍，而是果断地选择辞职。我留意到有一封辞职信中写了这样一句话：“我不像那些有房贷、车贷的人一样，生活的压力让他们打不还手，骂不还口。”从这句话可以看出，年轻人的选择看似是一时冲动，其实他们很清醒地考虑到一个问题：不被金钱捆绑的人，相对而言就是更自由的人。年轻人之所以有底气干得不爽就“开除老板”，一个很重要的原因就是他们现阶段在财务上没有那么大的压力。试想一下，前面例子中那些“打不还手，骂不还口”的人，如果突然有一天买彩票中了3000万元，他们还会忍气吞声吗？换句话说，“富有”的最高级形式就是每天早上起床以后，都可以说“今天我能做我想做的任何事”。这就是财富能带给我们的最大好处——自由。而这种好处是任何奢侈品都比不上的。

第四个原则，学会存钱。面对金钱，我们唯一能够控制的事情，也是最简单的事情，就是存钱。存钱不需要理由，存就是了。金融从业者绞尽脑汁也未必能够把产品的投资回报率提高0.1个百分点，相比之下，我们想把自己的储蓄率提高1个百分点可简单太多了。我身边有这样一个案例，小B从大学开始就比较节俭，会把剩下的生活费攒起来。生活中她只买自己需要的东西，不买过多的奢侈品，银行账户只要存到5万元，就会去买稳健型的理财产品，几年下来，存的钱越来越多。此外，她还有一个非常简单的消费标准，每天吃喝玩乐的花销上限是100元，如果今天没花完，剩下的额度就可以留给明天。这样的规划让她对自己的日常花销心里有底，且不会让她产生日子过得紧巴巴的感觉。小B结婚时，银行账户上的存款高达几十万元，相当于给自己攒了嫁妆。

少为虚荣买单，多为喜欢买单。我们要保持警醒，拒绝不必要的物质诱惑，也不要因为收入的增长而报复性消费。只要我们少花不必要的钱，尽可能提高自己的储蓄率，培养理智、乐观的心态，静静地等待，财富就会像滚雪球一样不断积累，为我们带来更大的自由和更多的可能性。

最后，我想同大家分享《金钱心理学：财富、人性和幸福的永恒真相》的作者写给他刚出生的儿子的一段寄语：“你也许觉得自己需要一辆昂贵的汽车、一块豪华的手表和一座很大的房子。但我想告诉你的是，你并非真的想得到这些东西本身，你想得到的是来自他人的尊重和羡慕。你觉得拥有昂贵的东西会让别人尊重和羡慕你，可是别人不会，尤其是那些你希望得到其尊重和羡慕的人。当我们在渴望财富的时候，我们究竟是在渴望什么呢？”

祝大家有爱又有钱。

欧丽娟

找到属于自己的使命

一个人最应该做的努力，其实就是找到属于自己的使命，这样才能不虚此生。一旦找到这种非自己不可、他人无法替代、少了自己就会有欠缺的使命，便能领略“再苦再累都会乐在其中”的感觉。寻找的过程很不容易，成功的概率更是同走在路上被闪电击中一样低，我们只有如屈原般“上下而求索”，或者如白居易所描述的“上穷碧落下黄泉”，才有机会找到属于自己的使命。

欧丽娟

台湾大学中文系教授

已出版作品：

《大观红楼：欧丽娟讲红楼梦》

《欧丽娟品读古诗词》

《唐诗选注》

《李商隐诗歌》

bilibili 账号：

歐麗娟

一、毕业后，人生才真正开始

毕业季的学生如潮水般涌出校园，成为社会的新鲜血液，汗水、泪水，以及笑容交织着这段难忘的青春岁月，让人百感交集。但所谓的毕业，只不过是一个社会标记而已。虽然毕业后，人都会有不小的外在变化，但在本质上却并没有太大的变化。

“新手村”的残酷事实

什么是本质？本质是指当事人本身的状况，包括他的性格、能力、脾气、思想水平、文化、品位，还有人际关系。在很大的程度上，无论毕业与否，这些都差不多。所以，毕业并不等于也不保证下一个阶段会更好。

从认知能力来说，一个人的学历固然大体上认证了他的专业知识水平，表明他在某些专业领域具有一定的能力，但那只是在资讯、技术层面的提高，属于外在的范畴。学历并不代表一个人心智模式的成熟，与他对生命、人性、世界的认识并无关联，因为这些并不是课堂上所能传授的，甚至是无法被改变的。

有些心理学家认为，人的性格在6岁时便差不多成形了，连他学习到的各种事物也是早在七八岁的时候就已经大致定型，后续的各种经验只是让他做出一点儿微调而已。这种说法实在是让人胆战心惊，因为从这个角度看，人在上小学前就几乎停止成长了，后续一二十年的学习仅仅是增加了谋生能力，帮助他在社会上更好地生存而已。这很让人泄气，但确实把握到了真相。

曹雪芹在《红楼梦》的第二回里很清楚地说：

> 若生于公侯富贵之家，则为情痴情种；若生于诗书清贫之族，则为逸士高人；纵再偶生于薄祚寒门，断不能为走卒健仆，甘遭庸人驱制驾驭，必为奇优名倡。

同样禀赋的人，在不同的环境里长大，就会变成不同的人。只有诞生在“公侯富贵之家”，才能成长为贾宝玉这一类的“情痴情种”。如果他生在“诗书清贫之族”，就会变成“逸士高人”；而如果是投胎到“薄祚寒门”，由于从小缺乏良好的经济条件，也没有读书的机会，那他就只能变成“奇优名倡”。

曹雪芹通过以上这段人性论告诉我们，**只有先天的禀赋是根本不够的，真正决定三种不同人格形态的关键其实是家庭所提供的成长环境**。可见后天的成长环境起了决定性作用，这也呼应了一些心理学家“6 岁定终身”的观点。

美国著名心理学家布鲁姆认为，如果把 17 岁时所达到的智力水平看作 100%，那么从出生到 4 岁就获得 50% 的智力，4～8 岁又能获得 30% 的智力。换句话说，8～17 岁这 9 年智力只增加了 20%，比 4～8 岁的成长还要来得少。

然而我们都知道，8～17 岁是一个人外在变化最大的阶段，所谓的“女大十八变”就指这个阶段。但万万没有想到，身体在不断成长，各种知识也在不断增加的同时，内在的心理成长其实是迟缓的，甚至是停顿的。

这是很令人吃惊的说法，但的确是事实，可惜大多数人都没有认识到这一点。严格来讲，一个人并不会因为取得高学位而有大幅进步，在品格、道德上不会，在观察力、判断力上也只是略微提升，就更不用说真正的思考能力了。

人生没有捷径

很多人一取得博士学位就以为自己已功成名就，成了这一行的权威，是社会上的知识分子，这是很严重的误解。其实博士学位只是表示你在特定的专业上达到一定的水平，可以在某一特定方面开始真正的研究，但在文化素养、对人性的理解，以及对世界的洞察程度上恐怕还是和 17 岁，甚至 8 岁的时候差不多。如果我们没有意识到这一点，还在为得到了高学位而自满，那就免不了沦为井底之蛙了。

既然连博士学位都是这样，其他各级的学位证书就更不用多说。不得不说，一个人在毕业以后进步的空间还大得很，简直是永无止境。专业技术的学习和人文方面的修养，都需要很漫长的时间，付出很大的努力才能够有一点儿成长，所以千万不要自满。

科学界可能会有 10 岁的爱因斯坦，但文学界绝对不可能有 10 岁的李白、杜甫。人文世界的塑造过程很慢，因为每个人的成长都是从零开始，每一步的摸索都省略不了。没有跳级这回事，更没有人知道未来到底是什么样子。

人生的道路只能靠自己慢慢摸索，一点一滴地建造，谁也代替不了谁。世界上也根本没有让人一步登天的捷径，无知的童年、青涩的少年，甚至懵懂的青年都是人生必经的阶段。

很多长期研究表明，其实一个人的成功主要靠机运，聪明、有才智、学问渊博、性格好都不能 100% 保证成功。但也并不是说这些特质不重要，相反，这些都是成功的基本条件。所以我们应该努力提升自己的基本条件，不要想着走捷径或靠秘诀。

拿我自己的经历举例，我在取得博士学位以后才开始做《红楼梦》的研究，也是在成为教授后才逐渐发现，我们必须用阶级、贵族的观点去了解《红楼梦》的价值，去把握作者的创作宗旨。这样对于一个人怎样活得高贵、优雅也更有概念，同时对于人性的复杂奥妙也体会得更具体和深刻。到了最近几年，我又发现了许多“新大陆”，那是因为扩大了眼界，接触了整个世界乃至气象万千的宇宙。我很庆幸能够活在这个时代，通过网络可以看到黑洞的照片，也可以目睹海洋里无数的奇迹，单单是海蛞蝓这种小生物就美丽至极，令人眼界大开。回过头来，我现在的文化知识水平远远不是 17 岁时的我所能想象的，这也证明了我没有虚度时光，在 17 岁以后还在继续成长。

因此，毕业绝不等于学习的结束。毕业后，人生才真正开始。未来不一定会顺利，但我们可以让未来遇到的一切都更有意义。

二、找到使命，才能不虚此生

就业焦虑是毕业生普遍会面临的负面情绪，毕竟“能不能活下去”“是不是活得好”都是很切身的问题。工作收入的高低其实是时代环境所决定的，行业热门或者冷门常常是社会发展的阶段性现象，是不断变化的。

寻找心中的“是”

几十年前，公务员、教师等职业被人“瞧不起”，因为当时经济高速发展，很多人在转眼间就可以日进斗金，医生、律师、工程师等职业也坐拥高薪，而公务员、教师只能领固定的薪水，在收入方面相形见绌。后来市场变得不稳定，高薪可能意味着高风险，于是大家开始追求“铁饭碗”，期望可以安稳过一生，公务员、教师等职业也就成了“香饽饽”。

一旦大家都朝同一个方向挤，僧多粥少，就注定“内卷”，竞争的压力便会排山倒海般袭来。因为单一化的价值标准，大家开始盲目跟风，曾经的康庄大道现在拥挤得成了窄门，人人挤得头破血流，却也只能成为一颗颗螺丝钉。

归根结底，外在的得失荣辱都只是一时的幻影和瞬息的悲欢，我们不必讶异，更无须欢喜，因为它们都转瞬即逝。世界无比开阔，人生充满各种可能。**一个人最应该做的努力，其实就是找到属于自己的使命，这样才能不虚此生。**一旦找到这种非自己不可、他人无法替代、少了自己就会有欠缺的使命，便能领略“再苦再累都会乐在其中”的感觉。寻找的过程很不容易，成功的概率更是同走在路上被闪电击中一样低，我们只有如屈原般“上下而求索”，或者如白居易所描述的“上穷碧落下黄泉”，才有机会找到属于自己的使命。

孔子在《论语·里仁》中提到“造次必于是，颠沛必于是”。这句话通常被理解为一种道德要求，强调君子连吃一顿饭的时间都不可以违背仁义道德，甚至在仓促和危难之际也必须坚韧不拔，“是”指的就是仁义道德。

我想借用这句话来揭示另一个道理：如果我们把“是”当作根本性的自我追求，那么这句话诠释的就不只是道德层面的意义，而是要去寻找或确认什么才是自己真正的存在意义。**即使面**

对造次颠沛的痛苦，也不愿放弃甚至无法放弃的使命，才是一个人真正的使命所在。找到自己的使命，我们才能够真正地安身立命，不虚此生。

孔子一生都致力于教育文化的推广和王道仁政的实践，厄于陈蔡，危在旦夕的时候依然怡然自得；杜甫直面无可归依的孤独，洞察到自己真正的使命就是诗歌创作，为此倾注了毕生心血，他的诗歌才会如此充满力量；凡·高在患有精神疾病的情况下创作出非常珍贵的艺术作品；贝多芬即使受尽折磨也没有放弃音符和旋律，对世界音乐的发展产生了深远影响。

我们大多数人没有这么大的才华，最后大概会默默无闻，恐怕也吃不了那么多的苦。因此很多人希望自己的人生过得安稳、平顺就好，最好还能功成名就。有时候，我甚至觉得杜甫、贝多芬这些人也不是天生就想要当“诗圣”“乐圣”的，他们也是被迫的。因为老天选择了他们，给了他们独特的资质，让他们坚持某一个“是”，以至他们在独立苍茫的时候不会退缩，在造次颠沛的时候能够坚持下去，这才创造出他们这些非凡人物。只是拥有天赋是不够的，只有找到了属于自己的使命，他们才能成就非凡的人生。

《论语·卫灵公》说“人能弘道，非道弘人”，世间的道理都是相通的。我们普通人在辛苦谋生时，也可以在忍耐之外创造出一些积极的意义，那就是认识到人生是实践出来的。我们可以发挥主观能动性，去打造自己的人生，不被环境影响，不被教育干预，找到自己无论如何都要“必于是”的“是”，才能不虚此生。

虽不能至，心向往之

《红楼梦》第二回，曹雪芹借由贾雨村之口指出“天地生人，除大仁大恶两种，余者皆无大异”。这句话把人分成三个大类，其中的大仁者就是应运而生、修治天下的“补天石”，他们是国家社会的支柱；大恶者应劫而生，是扰乱天下的祸患，内在的禀赋是天地的邪气，具有破坏的力量。这两类人的存在是极端对立的，在人世间是很少见的。

除了人性的两个极端，处在两者之间数量庞大的芸芸众生，看似是形形色色、各自不同的独立个体，他们也都觉得自己独一无二，但在曹雪芹的眼中，他们都大同小异。任凭你是庙堂上的达官贵人、江湖里的贩夫走卒，还是构成当今社会主体的中产阶级，本质上都是汲汲营营、庸庸碌碌的，追求的东西其实都差不多，都属于个人的福祉和成就，也可以简单地概括为“名利权位”四个字。只不过因为天赋有高有低，遇到的机运有大有小，所以取得的成果不太一样。但这些也都只是表面而已，因为死后都不会被历史铭记。

很不幸，但必须承认我们大都不属于大仁、大恶者，而是“余者皆无大异”这一类。大多数人把自己的小宇宙活成了小池塘，于是终身停留在浅浅的水波里，载沉载浮。一般来说，人类只能了解自己已经了解的东西，看不到自己所不了解的东西的价值。在不了解的情况下，人通常会将自己的特征投射到别人身上，于是就形成了误解，而误解又只能带来错觉，所以大家热爱的、憎恨的，其实都只是自己制造出来的幻影。

美国作家杰克·伦敦在《海狼》中有一个绝妙的比喻：我们都只是一个个大大小小的“酵母”。作为其中的一员，我们一心只想壮大自己，做一块更大的酵母，却不知道自己再怎么巨大，都仍然只是一块酵母。“酵母说”也可以用来比喻大多数人的生存状况。

大多数人在人格层次或心智能力上不相上下，只能成为中材之辈。即便如此，大多数人并不会因此就只剩下无能为力，也并非对自己的情况完全不用负责，因为我们还有一半的机会，可以用自己的力量去努力。

尽管我们再怎么努力都不能成为大仁者，但就像司马迁在《孔子世家赞》中所说的“虽不能至，然心乡往之”，努力往高处攀爬的灵魂总是特别优美，闪着高贵的光芒。我们固然还是很渺小、很平凡，但只要我们愿意努力去做善良、温厚、无私、谦虚、好学的人，认真地朝着正人君子的方向努力，就会在某些瞬间闪光，让人眼前一亮，这就是“平凡的伟大”。

正是这些奋斗的人、这些闪光的瞬间，让我们觉得人类还是有希望的，未来值得期待。那么，就让我们这样自我期许吧，永远做一个想要变得更好的人，持续地走在前往更好的自己的路上，这样就可以不虚此生。

工作心法

我们怎么过一天，就会怎么过一年

对山顶洞人而言，生活真的是“山中无甲子，寒尽不知年”，一年只是寒暑的变化，以及每一天日升日落的累积。所以每一天无论是好是坏，我们都应认真对待，而不仅仅是在年末感怀。何况即使努力营造了仪式感，给了自己一种里程碑式的感觉和改头换面的希望，等跨年的绚烂烟火消散，一切还是回到原来的样子，世界根本没变，岁末的仪式就变成了多此一举。所以我从来不跨年，也从不过生日。

每一年都有其特殊性，要么发生了新的事件，要么增加了新的体验，岁末仪式最大的意义或许就在于每个人都可以借此机会好好地梳理一番这一年的变化，进而获得成长。从本质上看，每一年其实也没有太多不同，就好比许多人都很在意的生日，其最大的意义可能是让人特别能感受到大家的爱与祝福，除此之外并没有什么价值。为什么这样说呢？理由其实有两个。其一，人的生日早已过去，而且还是人生中距离现在最遥远的一天。当时发生的事情没有给我们留下任何记忆，对未来也不会产生任何影响。每年日历上的同一天也只不过是一个数字记号，是社会给予的标记而已。事实上，生日不过是一去不复返的朦胧回忆，甚至连“回忆”都谈不上。其二，人的诞生是一个历程。正如美国人本主义哲学家、精神分析心理学家埃里希·弗洛姆在《人类的破坏性剖析》中所说：“某天某时是某人‘诞生’的时刻，这种想法显然有问题，我们最好是把它放弃，因为人的诞生是一个历程。”换句话说，某年某日某时只是你形成生命面世的一瞬间，而所谓的你根本上还一直在诞生中。这是非常有智慧的洞见，因为人的性格主要是在婴幼儿阶段逐渐形成的，和婴幼儿时期的成长环境强相关。但只要我们愿意，成年以后可以继续成长，所以每一天都可以是生日。

《礼记·大学》中有这样一句话：“苟日新，日日新，又日新。”这是公元前 1600 年前后商汤刻在自己沐浴用具上的箴言，激励自己每一天都可以自我更新。既然如此，我们就不必在乎某一个特定的时间标记。所谓的一年不过是 365 天的累积，所以我们怎么过一天，就会怎么过一年，这才是我们应该认清的生活本质。

我们应该怎样过一天呢？几个月前我从天桥上走过，脚下传来车水马龙的喧嚣声，如海浪般翻腾汹涌，不经意间望见道路远方弥漫着烟尘，朦朦胧胧，两旁高高低低的建筑物仿佛海市蜃楼，那一刹那，内心莫名地被深深触动：原来这世间的一切都是人为堆砌起来的，看似无比真实，隐隐约约却透着无限的虚空。“夫天地者，万物之逆旅；光阴者，百代之过客。而浮生若梦，为欢几何？古人秉烛夜游，良有以也。”这或许就是李白这只大鹏鸟在高飞九万里时对人间的真切感受吧。

固然每一年都很珍贵，但其实也很虚幻，过去的已经一去不返，而未来无法预期，所以我们必须全力把握当下。也许对很多年轻人来说，未来近乎永恒，好像以后的日子还很长。但这实际上只是一种错觉，如果我们不能认清这一点，青春可能会被虚度，白白耽误了自己。

时间真的不够，未来近在咫尺。

人生问答

学生：趁早努力还是及时行乐？

社会如末日般动荡不安时，张爱玲说："出名要趁早呀！来得太晚的话，快乐也不那么痛快……个人即使等得及，时代是仓促的，已经在破坏中，还有更大的破坏要来。"

张爱玲之所以主张"出名要趁早"，除追求痛快以外，背后还有一个心理因素——世界很快就要毁灭了。在这种巨大的威胁之下，个人只能尽快地把握有限的时光去追求痛快，借由这种方式把存在感极大化。根本就没有以后了，还管什么以后呢，于是趁着还有"现在"，赶快抓住"活着"的感觉。这种心境显然是凄凉的，仿佛一个快要溺死的人拼命想要抓住眼前的稻草，不管这根稻草是否已经软烂腐朽，先抓住再说。

其言语背后隐含着绝望的末世感，宇宙洪荒中的渺小个人只能拼命挣扎，用尽全力才能避免灭顶之灾。"既然什么都没有，那就及时享受当下吧"，这是许多人放弃努力，走向虚无歧路的原因。难怪张爱玲最常用的形容词是"荒凉""苍凉"，也难怪她笔下的人物多是在末世里徘徊求生、不知何去何从的幽灵。纵然如此，无论这背后有多么悲哀的心理感受，用追求当下的痛快来面对人生的绝望都依然是浅薄的想法。

曾经有多少伟大的人面临更大的绝望，却用超凡的勇气战胜了生命的苦难，超越了存在的虚无。“安史之乱”完全称得上一场“毁灭性的灾难”。在这场浩劫中，王维、杜甫没有去追求当下的痛快，而是创造了不会被毁灭的永恒价值。贝多芬双耳失聪后，也没有向残酷的命运妥协，没有放弃音乐，而是在寂静无声的世界里创作出了澎湃激昂的《第九交响曲》。他质问命运的敲门声，像海浪般一层一层不断拔高，响彻云霄。他炽热的灵魂一直在燃烧，两百年来仍然激励着我们。

所以，面对绝望和虚无，并非只有追求当下的快感这一种选择。无论背后有多么无奈的理由，这都是一种很浅薄的方式。无论是为了自己的心智，还是为了未来的世界，我们都应该趁早努力，而不是及时行乐。

“怜我世人，忧患实多！”我曾经读到过一副对联：年年难过年年过，处处无家处处家。初读时只觉得文字里有着无以言喻的悲凉，充满了逆来顺受的无奈；但现在我改变心态再读，就有了新的理解——每一年我们都会遇到困难，过得并不容易，但我们可以通过努力去渡过难关，迎接新的一年，根本不必担心会过不下去。同样，许多刚毕业的学生觉得自己“贫无立锥之地”，只能像寄居蟹一样到处漂泊，租房借住。但如果我们换一个角度来看：每个住的地方都相当于自己的家，每天回到那里卸下疲惫，好好休息，勾勒出生命的轨迹，岂不也是一种“安身立命”？据说佛陀从来不在同一棵树下过夜，于是每一棵树都相当于他的家。所以说，这副对联的关键已经不是前半部分的“年年难过”“处处无家”，而是后半部分的“年年过”“处处家”。从本质上而言，只要我们好好活着，每一天都是上天的恩典，而在每一个地方都可以心安如归。

诺贝尔文学奖得主索尔·贝娄在《抓住今天》中说道：“无论是充分把握人生的每一刻，还是对世界应尽的每一分努力，都不要松懈。”奥地利心理学家维克多·弗兰克也曾说：“一个人若能接受命运及其所附加的一切痛苦，并且肩负起自己的十字架，则即使处在最恶劣的环境中，照样有充分的机会去加深他生命的意义，使生命保有坚韧、尊贵与无私的特质。”

祝福大家。

学生：选择大城市还是小城市？

大城市具有两面性，一方面能提供成长乃至成功的机会，另一方面也带来了心理和物质上的双重压力。

许多人向往大城市，考虑的是功名、富贵之类的现实好处，一旦鱼跃龙门，荣华富贵也就指日可待。唐朝诗人白居易在长安当官时，出入权贵名门，甚至还产生了一种雄踞天下中心的虚荣感。他在《与元九书》这封信里就清楚地描绘了在长安的那十年是“名入众耳，迹升清贯，出交贤俊，入侍冕旒”，意思是他声名大噪，众所皆知，结交的都是权贵人士。显然他对自己的成功沾沾自喜，也因此一被贬谪到江州，就万般失落地写下了《琵琶行》这首名篇，“沦落天涯”的感伤甚至到了“江州司马青衫湿”的地步。他会这样耿耿于怀，正显现出长安这座大城市在他内心所代表的意义。

众多人才汇聚长安，竞争必然激烈。白居易刚到长安时，也像其他文人一样投诗干谒，通过诗歌作品，向当官有权的人毛遂自荐，这在唐朝是一种很普遍的投石问路方式。而当时接待白居易的名士顾况，面对这位初出茅庐的年轻人，还针对他的名字做了一点儿文章，意味深长地对他说“长安居大不易”。顾况的做法其实已经在提醒白居易，他要这个年轻人做好心理准备。确实，长安并不是一个容易久住的地方。既然竞争激烈，生活的压力指数也一定居高不下，杜甫就亲身体会过其中的辛酸。他固然是最伟大的诗人之一，但在长安十年却没有谋得一官半职，一度穷困到只能靠领取政府的救济金生活，甚至他最小的儿子还因此被活活饿死，这简直就是触目惊心的人间惨剧。

我们并非一定要往大城市挤，但去不去大城市还需要考虑个人性格，最重要的是要适合自己。保持开放式的人生选择，毕竟从来没有规定生活的形态必须从一而终。一开始可以给自己多一点儿可能性，勇敢尝试，毕竟大城市人才荟萃、世面宽广，汇集的资源更多，文化的氛围也更能让人感风气之先。

大城市往往是了解自我的最佳测试剂，只要不迷失自我，大城市就可以帮助我们明确人生的方向。所以一个人即使选择在大城市度过一段岁月，也未必就得落地生根，每个人都可以根据自己的性格和适应程度来选择在大城市生活多久。何况在信息爆炸的网络时代，足不出户便知天下事，我们不再缺少学习资源，反而要学习的是如何取舍。在这种情况下，无论是在大城市还是在小城市，我们都可以在生活的历练中获得成长。

只要我们保持正确的心态，哪里都可以是桃花源。王维在长安城活出了风轻云淡，陶渊明在田园活出了自由尊严，任何一个地方都能欣赏到同样美丽的夕阳。

“这里就是罗德岛，要跳就在这里跳。”[①] 此处就是你的全世界，不必非要在别处才能有所成就。

---

① 出自《伊索寓言·吹牛的运动员》，一位跳高运动员因为参加比赛总是缺乏勇气，只好外出旅行。他回来后跟村民大肆吹嘘自己在罗德岛战胜了奥运冠军，说那里的人可以证明。一位村民对他说：“如果这一切都是真的，根本不需要证明人。把这里当作罗德岛，你跳吧！”

学生：如何正确面对失败？

失败这种感受让人非常痛苦，因为它相当于一种对自我的否定。一旦“自我”被否定，就很容易动摇“存在”的根本，所以失败属于一种“界限经验”。

德国存在主义哲学家雅斯贝斯把人生的焦虑和苦恼归纳为三种界限，分别是身体界限、心理界限和灵魂界限。其中就包含了生病、衰老、死亡、罪恶、自我否定，还有失败感。想想看，生病让人多么无助，死亡更是让人绝望，而失败感同死亡、生病这些词放在了一起，可想而知会给人带来多大的痛苦。

我想分享的并不是避免失败的秘诀，而是当我们失败时，如何把失败的感觉转化成积极的意义，进而帮助我们成长。大家可能发现了，我的用词是“失败的感觉”。既然是“感觉”，那就意味着对“失败”的定义通常无法脱离主观的认知，“失败”不一定是客观的事实。或者说，我们对成败的定义，常常只是根据片面的印象，并没有把握整体乃至本质。所以我们常常被外界牵着走，用外界的标准来衡量自己，总是患得患失，乃至胜利了就得意忘形，失败了就垂头丧气。

因此，我们首先应该定义“什么是失败”。在职场里被所有的同事排挤，或者一辈子没有升迁，这算不算失败？《红楼梦》中第一次进大观园的刘姥姥算不算失败者？杜甫和苏东坡，他们是不是失败者？

只要认真思考，我们就会发现自己对过往很多问题的认知都过于笼统，常常只是凭感觉把它们混为一谈。思路一模糊，就越想越纠结，自己就会被一直困在原地。同样，因为我们对“失败”一词的概念不清楚，很多时候直接就把“失败”跟“犯错”关联在一起，形成因果关系，把失败都归因于犯错，所以我们就有了害怕犯错和社会容错率越来越低之类的问题。对于这种情况，我们应该先厘清“失败是不是一定来自犯错”这个问题，答案可能为“是”，也可能为“不是”，因为回答这个问题的关键是界定“什么是犯错”。

回到之前的例子，苏东坡一辈子流离动荡，饱受坎坷，算不算是犯错导致的失败？后人提到苏东坡的成败，会用犯没犯错来解释吗？答案显然是不会。退一万步，就算苏东坡是失败者，那么造成他失败的原因其实是“一辈子的不合时宜”，这怎么能算是犯错呢？所以当我们遇到困扰的时候，一定要先分清楚层次、范畴，把握问题的关键，清楚地知道自己的失败属于哪一种，才能进一步把问题处理好。

或许大家在意的并不是苏东坡式的失败，而是根据外在的社会标准或是现实的得失定义的失败。譬如考试没考好，工作不如意，辛苦准备的项目没有通过，熬夜写出来的计划书被退回，付出真心却没有回报，失恋，以及婚姻破裂。我必须说，**这**

样的失败几乎是人生的必然，一辈子总会碰上几个。没有人可以在每件事上都得高分，事实上，生活也没有一步登天的道理。人本来就应该在学习中成长，而学习也无法保证100%顺利。很多时候我们都只是学到了皮毛，到应用的时候当然就不够用；即便我们学得很好，在应用的过程中也免不了会受到很多外在因素的影响。成功有的时候真的需要靠一点儿运气，成败并不是“操之在我”。这样说来，**失败是常态，而成功简直就是天上掉下来的礼物。**闽南话里有一句很有智慧的俗谚“嚣张没有落魄的久”，意思是说成功的人身上这种嚣张状态比落魄状态持续的时间短多了，落魄才是人生的常态。我们一旦洞察到了这个本质，成功的时候就不会嚣张，失败的时候也不会气馁，都可以做到心平气和。

正确面对失败，最重要的心智锻炼就是学会坦然面对失败，把失败当成人生的一部分，甚至是成长过程中不可或缺的养料。因为它可以让我们从中学习，虚心改善。也因此，跌倒了我们可以优雅地站起来。没有必要觉得自己很丢脸，然后失去信心，痛苦不堪，甚至一蹶不振。面对失败能够潇洒地站起来继续努力的人，不是失败者。**被失败感打败的人，才是真正的失败者。**

我很喜欢“功不唐捐”这个成语，意思是说只要我们认真下功夫，努力就不会白费，那些付出一定会在生命里累积，只是它们会在哪里，在什么时候，以什么样的形态开花结果，就不是我们所能预知的了。我们只需耐心地等待水到渠成、瓜熟蒂落的那一刻，继续踏实做人，认真做事，不短视近利，不因一时的失败就早早放弃，这样就算最后没有获得所谓的成功，也不会成为失败者。这个道理在我的人生中就验证过很多次，因此我更能够接受不如意。

即便是单纯从社会的标准来看，失败仍然具备正面价值，它其实是一个最好的试金石，可以测试一个人是不是有足够的决心，愿意继续努力下去。关于这一点，“哈利·波特”系列小说的作者J. K. 罗琳在《失败的好处和想象的重要性》一文中有很好的阐述：“失败代表了摒除不必要的事物，我不再自我欺骗，干脆忠于自我，投注所有心力完成唯一重要的工作。要是我以前在其他地方成功了，那么我也许永远不会有这样的决心，投身于这个我自信真正属于我的领域。我重获自由了！因为我最大的恐惧虽然降临了，而我还活着，我还有个可爱的女儿，还有台老旧的打字机和伟大的构思。曾经跌落深邃的谷底，却变成日后重生的深厚基础。”

很显然，对于失败这种界限经验，我们应该想得更多、更深，而不是把它当成一个很讨厌的不速之客，只想远远躲开。当我们面对失败时，要学会优雅地站起来。“是非成败转头空”，那些风暴、跌倒、成功、风平浪静都只是短暂的现象而

已，只要拉长距离、放宽眼界来看，结果常常不是很重要，重要的是过程中留下的那些痕迹以及在这趟生命旅程里我们有没有变成更好的人。

所谓的“更好”就表现在能够在风暴里站起来，也懂得同情那些很努力却不幸跌倒的人，这就是失败带给我们最好的礼物。

史欣悦

愿你处好三个朋友——金钱、时间和焦虑

成功没有捷径，只有日积月累的努力。无论什么本事，都需要从无到有、从少到多、从浅到深的积累，从来没有魔法和捷径。而积累就是在专注的时间里正确地重复，这个过程可能非常无聊甚至痛苦，但是水到渠成的那天，我们一定会感叹“不过如此”。

史欣悦

君合律师事务所合伙人

已出版作品：

《自洽：在不确定的日子里向内看》

《有言以对：成为沟通高手的六角沟通法》

bilibili 账号：

亦经亦史－史欣悦

一、学会谈钱、挣钱、花钱和攒钱

从校园走进职场，是人生的一个大变化，上一次这么大的人生变化可能还是断奶。相较而言，断奶还要容易些，毕竟有家长掌控全局，孩子跟着家长适应就好。但是上班这件事，家长是帮不上太多忙的，他们要是能把求职、岗位、晋升都搞定，你大概也不会翻开这本书。开始上班，就是一次自己要负起全部责任的“断奶”，与自己成长的家庭和学校在经济上和精神上全面“断奶”。此乃人生之大事，不可不察也。

要独立负起这样大的责任，我们要先搞清楚，职场新人真正面临的课题不是到底该干多少活儿，能不能比领导先下班，到底要在第一个单位干多久，而是要能够独自处理好三件事：金钱、时间和成长中的焦虑。我们大概也都跟这三件事打过交道，但那都是半打交道，毕竟过去花销有家里管着，时间有学校的课程表管着，读书虽也让人焦虑，却少有不知道要往哪里去的时候。等我们开始上班了，走进社会了，这三件事一齐落在我们头上，这时候我们就会发现：知道如何与它们打交道，甚至交上朋友，是多么重要。

大部分人工作的主要目的都是挣钱，如果不能挣钱，工作的其他价值再大，我们也很难坚持下去。在工作中，在乎挣多少钱是很正常的事。我们从学校走进职场，谈钱、挣钱、花钱和攒钱都是需要学习和练习的。

谈钱不是财迷，更不是贪婪

有不少在学校待了多年的年轻人，对于“谈钱”是不好意思的，甚至是回避的，但钱代表的是一件事的价值，也是实现契约精神的载体。马斯克认为金钱并不拥有权力，它只是一种信息，是资源分配的数据库。这个思路对我们来说很有帮助，不好意思谈钱是因为我们把它当作衡量高低贵贱的权力了。我们不妨像马斯克建议的那样，以理工科的思维看待金钱，把它当作一种资源分配的数据库。

一份工作只要把钱给到位了，就差不多解决了六成的问题。我们对加班的抱怨、对评价的不满，在拿到工资或者奖金后，是否都能平复？如果能平复，那说明这份工作的报酬给到位了；如果不能平复，我们就要在报酬之外寻找更多的价值，来满足自己对工作的期待。这些期待既有物质层面的，也有荣誉感、成就感、满足感等精神层面的。

找工作的首要条件是报酬。工作令人满意的首要条件是报酬令人满意，其次是遵守承诺发放工资和奖金，不拖欠，不无理克扣，这是工作令人满意的基础条件。只要报酬令人满意，即使其他价值小一些，这样的工作也可以干下去。工作的其他价值可以慢慢寻找，不要一上来就对工作要求太高，既要报酬满意，还要好的领导、丰富的学习机会、亲如一家的同事关系等。这些工作价值都很好，但不是必需的，尤其是对新人来说，你在观察公司，公司也在观察你。双方都确认对方合适后，我们才会走上职业发展的主路，在此之前只是在辅路上行驶。

动态地看待精神价值和金钱报酬对于工作的重要性，在不同的阶段，它们的重要性可能不同。当工作提供的精神价值很高，但是报酬相对偏少时，我们就不能把报酬的权重放得过高，而应该把精神价值看得更重要一些。如果职场新人对工作的精神价值和金钱报酬都不太满意，就要抬头看看三五年之后、七八年之后的工作前景；如果看不到，就去和有三五年或七八年工作经验的人聊聊，请他喝杯咖啡，也许就能得到洞察未来的新视角。

好好挣钱

自己挣钱自己花是成长过程中重要的一步。过日子靠自己，日常的生活支出控制在收入范围之内，不“啃老”，不借债，这是非常重要的起步原则。理财的第一要务就是储蓄。不做“月光族”，按月储蓄，至少存够半年的生活费，如果还有结余，可以考虑其他稳妥的投资理财方式，但是无论何时，节俭、量入为出地过日子都是万分必要的。

追求热爱的同时也要好好挣钱。有朋友说：“我不在乎挣钱，我要追求我的热爱。”这样的心态很好，是对抗焦虑的好方法，但是不要抵触钱，我们和钱没有仇，我们的热爱和钱也没有仇，好好挣钱与追求热爱不是必然互相排斥的。我们都有热爱的事，但我们只是普通人，不是凡·高和莫扎特，很难完全不在乎钱地追求热爱。如果除了钱没有热爱的事，那就好好挣钱。

挣钱的方法要靠谱儿。多挣钱对自己和家庭有好处，多挣钱多缴税对国家也有好处。挣钱多说明我们提供的服务或者商品对社会是有价值、有好处的。但是，在努力挣钱的同时，也要注意这几条底线千万别碰：违法的钱不挣，缺德损人的钱不挣，“一阵风来一阵风走”的快钱最好也不挣。不靠谱儿的挣钱方法都在刑法里写着，有空可以看看罗翔老师的课程，这对我们是有好处的。靠谱儿的挣钱方法就是持续提高自己的能力，让自己成为工作能手，并且生活中不乱花钱，学会理财。做好自己的长线投资，就能结出“时间的玫瑰”。

二、对自己的时间，尤其是业余时间负责

工作与上学的时间节奏和安排很不一样。学校有上课、下课、放假、开学，考核一般都在期末；而工作的时间就没有那么规律，像律师这样的职业，上班和下班没有明显的时间界定，工作之外的时间安排也是因人而异。

管理时间的思维方式

有活儿就干，累了就休息。为了摆脱工作时间侵占个人时间的困扰，我的一个重要转变就是在自己的头脑里不再区分上班和下班时间。活儿是干不完的，可以在办公室里干，也可以回家干，还可以在通勤的路上干；电话会可以上班时间开，也可以下班时间开，甚至有时因为时差，在夜深人静的时候还可

以开；另外，电话会可以在办公室里开，当然也可以在火车上开，甚至在迪士尼乐园安静的角落里还可以开。如果没有这样的转变，总是纠结于工作打搅个人的下班时间，这会让我们很疲惫。如果你的职业和律师类似，可以参考一下这个不再区分上下班时间的心态转变。

对于工作时间安排，我们的目标是“总量控制，间隔进行”。总量控制，就是每天的工作时间不能过长，加班熬夜太多伤身体，保证睡眠总量就好，至于具体几点干活儿，几点休息，可以自己掌握。间隔进行，就是工作内容要间隔，可以写一会儿文件，然后打一会儿电话，再想一会儿问题。休息内容也要间隔，工作一阵儿，吃点儿东西；又工作一阵儿，出去跑一圈；再工作一阵儿，然后睡觉。这是简化版或者说漫画版的解释，便于我们理解。此处我需要说明我是反对加班的，尤其是全民加班，但这不是这篇文章能解决的，我也只能在此处谈谈“没有办法的办法”。思维转变了，接下来就可以谈具体的时间管理了。

管理时间的方法

管理时间首先要摆脱手机对时间的侵占和撕碎。做好这件事，我们就会发现时间变成了我们的好朋友，特别好管理；否则，时间就不是我们的朋友，怎么管都管不好。管理手机首先要关闭各种消息提醒。我的手机只开了银行账户变动、飞机火车时间变动的提醒，其他提醒基本关闭了。微信和邮件不需要提醒，因为这些是工作要用到的、必须看的。新闻也不需要提醒，我们不是应急部门，小事情不需要知道，大事情早晚都会知道。这不等于不看新闻，相反，我还建议朋友们每天专门找 10 分钟浏览一下政治、经济、科技、体育新闻，这是有意识地看新闻，不会让新闻的提醒把时间切得更碎。另外，老抱着手机看网剧、看综艺的确是消磨时间的好方法，但也的确是浪费时间的“不二法门”。

管理时间要设置专注的时间段。比如我正在写作，那我就把这一个小时定为写作的时间段，专注做这件事，除非有人敲门找我或者给我打电话，否则我不会分神去处理其他事情，比如看微信、看邮件。有朋友说：“我很难专注，总是喜欢东摸摸西瞧瞧，怎么办？”养成一个习惯，要从简单的入手，坚持然后再提高。先专注做一件事 10 分钟，然后逐渐增加到 15 分钟，20 分钟，如果能保持 40 分钟就很好了，但有时候我也做不到。我曾经测试自己读书的时候能保持多长时间不看手机，结果发现只有 7 分钟！我算是一个比较专注的人了，但如果我不约束自己，保持专注 7 分钟我就会摸一下手机，而这一摸，很可能 27 分钟就过去了。

用手环培养专注力。这是我从《不抱怨的世界》这本书上学来的：尽量不要抱怨，每抱怨一次就把手环摘了，戴到另一只手上，直到做到手环 21 天不换手，就养成了不抱怨的习惯。这个方法适用于很多习惯的养成，比如为了培养专注的习惯，就可以先设定手环 30 分钟不换手的目标，如果分神做其他事，就把手环戴到另一只手上，什么时候能做到在设定的时间内手环不换手，就完成了第一步。接着练习保持 30 分钟专注时间一周以上，再在 30 分钟的基础上加 5 分钟，直到每次能保持专注 40 分钟左右，专注的习惯就差不多养成了。手环没有特别要求，手链、手串、头绳都行。

管理主动时间。主动时间是我们能自己安排的时间。对必须按时上班、上课的朋友来说，主动时间就是下班和下课之后的时间；对工作、学习时间灵活的朋友来说，主动时间就是一天中的大部分时间。我在《自洽：在不确定的日子里向内看》里把这些时间称为第四类时间，另外三类时间是生理时间（吃饭、睡觉、洗澡、上厕所等）、工作学习时间（上班、上学等）、亲友情时间（陪家人、交朋友、谈恋爱等），这三类时间都不是完全自主的。但是第四类时间是我们完全自主的。我们怎么使用第四类时间，决定了我们是什么样的人；反过来说也对，我们是什么样的人，就决定了我们怎么使用第四类时间。

设置科目和目标，按周测量，自主安排第四类时间。比如，我给自己的业余时间设定了三个科目及其对应的目标：一周锻炼

4小时，写作3小时，练书法2小时。然后我再安排专注时间段来做这三件事，并记录时间。用科目来指引我们做事，每天平衡安排不同的科目，到周末再来看看哪个目标完成得差一些，就弥补一下。

保持专注的时间段是科目管理的基础。只有在设定专注的时间段里保持专注，才能记录有效的科目完成时间。记录时间的方式各种各样，可以是随身的小本子、手账，也可以是手机。我只记录业余时间，不会特别记录工作时间，因为我的工作本身就要求在事务所的系统里记录工作时间。如果你是自学备考或者是自由职业，那也需要记录学习或工作的时间，并每周衡量目标的完成情况。如果你对更细致的时间记录法感兴趣，可以看看柳比歇夫的时间管理法①，他的时间记录令人叹为观止，但是一般人也做不到。

成功没有捷径，只有日积月累的努力。无论什么本事，都需要从无到有、从少到多、从浅到深的积累，从来没有魔法和捷径。而积累就是在专注的时间里正确地重复，这个过程可能非常无聊甚至痛苦，但是水到渠成的那天，我们一定会感叹“不过如此”。

---

① 柳比歇夫，苏联昆虫学家、数学家、哲学家，在26岁时独创了一种“时间统计法”，即记录每个事件花费的时间，通过统计和分析，进行月小结和年终总结，以此来改进工作方法，提高时间利用效率。他一直完善这套方法，并沿用了56年直到逝世。

三、焦虑的解药

学生时代的焦虑不少，但上班之后，大家才会明白学生时代的焦虑根本不算事，职场的焦虑才叫无穷无尽。处理焦虑有两个不同方向的“力道”。正向的“力道”是把自己培养成一个不爱焦虑、乐观从容的人。逆向的“力道”是具体问题具体分析，调整看待焦虑的视角，想方设法消除焦虑。

焦虑的本质是对未来的不安

富兰克林有句名言叫“这个世界上没有什么是确定的，除了死亡与税收”。其实我后来发现这句话最早不是他说的，他只是在 1789 年美国宪法正式生效之后，给一个法国科学家朋友的信中引用了这样一句话：“我们的新宪法出台了。它应该会永远生效，但是这个世界上只有死亡和征税是确定无疑的。”但是谁让富兰克林的头像印在100美元的钞票上呢，他说出来就成了名言。实际上，死亡也是不确定的，因为我们不知道自己什么时候会死。美国投资家查理·芒格说：“要是知道我会死在哪里就好了，那我将永远不去那个地方。”但我们的世界就是不确定的，如何要求确定呢？如果我们和“不确定”是朋友，那我们和世界就是朋友；我们要是跟“不确定”过不去，那世界一定和我们过不去。面对未来，焦虑是人之常情。明天要签约，合同还没改完，我焦虑；干完了活儿，但收不到钱，我也焦虑。但是我把焦虑当朋友，安慰他，告诉他“没事的”。

以科学的身体观关照自己，感到不安就跳出来看看自己。不安是一种生理反应，是体内的化学物质作用的结果，我们本来就是生物化学的合成品，竟然会有这种情绪反应，大自然真奇妙。情绪其实都是生物化学反应的结果，就像试管里产生的泡泡，看着挺热闹，实际上微小又短暂。

未来不可能全由自己计划。我们今天希望的会是我们一直希望的吗？不一定。我们一定要成为现在想要成为的人，否则就不喜欢自己了吗？也不一定。别人会不喜欢我吗？没关系，别人爱喜欢不喜欢。虽然我们不知道未来的自己是什么样子，但是不用焦虑，未来会告诉我们答案，胡思乱想只会让人焦虑。我自己就有这种体会，当八件事摆在面前时，越想只会越焦虑，但只要动手干起来，甚至不用把事情都干完，焦虑就跑了。

焦虑反映了我们对自我的期许过高或者解决问题的思路过窄。丑小鸭觉得自己因为容貌天天被鄙视，长大就完了。但是它和周围的鸭子都不知道，丑小鸭除了可能是鸭子，还可能是天鹅。有些朋友的焦虑也与之类似，总觉得自己没达成什么目标，人生就完了，就失败了。但其实从生命的角度来说，活着就是成功，人终有一死，最后都会失败，在生与死之间，还有漫长的时间和巨大的空间，让我们足以找到自己满意的位置。

处理焦虑的三个药方

道理我们都懂，但具体应该怎么处理焦虑呢？胡适曾给大学毕业生三个药方：问题、兴趣、信心。我来谈谈我的看法。

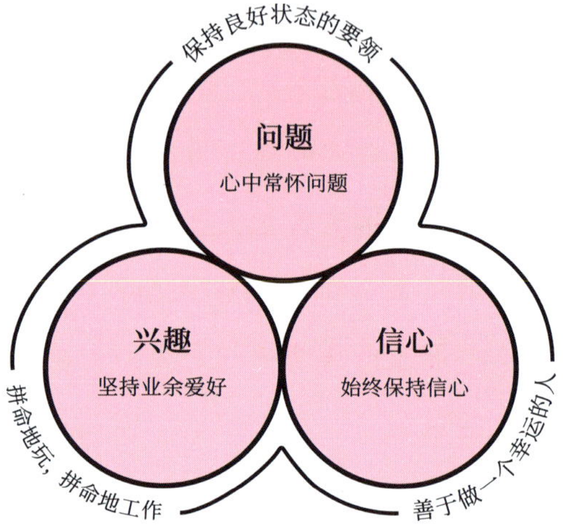

处理焦虑的三个药方

第一个药方，心中常怀问题。这个问题可以是工作中的，也可以是工作外的。凡是搞不懂又想搞懂的问题都是好问题。树牢问题意识，坚持问题导向，用问题引领学习、思考和进步。如果心中没有问题，那人就有浑浑噩噩之嫌，始终保持对问题的兴趣是保持良好状态的要领。

研究问题要有批判思维。不能把一直如此的事情看作理所当然，就如鲁迅所说："从来如此，便对么？"但另一方面，批判思维要建立在理解的基础上，有些人满眼都是问题，张嘴就要批判一通，这也不是研究问题。

研究问题要先理解，批判是建立在透彻的理解之上的。遇到疑惑不解的问题，要先理解，再批判。哪怕是不合理的现象，也要先理解清楚其背后的原因，直到能为它的成立和存在“代言”，再去批判和建议。不理解就批判不是批判思维的体现，而是年少“单纯幼稚”的遗迹。

语言引领人走向更广阔的时空。暂时没有可供研究的问题时，我们也可以把语言作为一种问题来研究。当然，有研究古汉语、拉丁语等语言的兴趣也很好。学习语言可以让我们拓宽视野，看到不同人的不同思维方式，走出“信息茧房”①。

第二个药方，坚持业余爱好。工作之外的兴趣非常重要，因为工作一定不是总令人开心的，无论是过大的压力，还是无聊的工作内容，总之，只要是给钱的工作，一般不会让我们时时快乐。在压力或者无聊中，就要靠业余爱好保持个人活力。无论你的爱好是打球、弹琴，还是收藏、旅行，都一定要坚持这些爱好，不能放下。但有时候工作太忙，不得不放下爱好一段时间，那也没关系，只要有时间重新拾起来就好。曾经有不少朋友问我：“你有那么多爱好，是如何兼顾的呢？”我说我是在“拼命地玩，拼命地工作”，为了有时间坚持自己的业余爱好，拼命把工作早点儿干完，然后拼命挤时间去发展爱好。

发展业余爱好的时间是第四类时间的核心部分，是我们在漫

① 人们关注的信息领域会习惯性地被自己的兴趣所引导，减少对其他信息的接触，从而将自己的生活桎梏于像蚕茧般的“茧房”中的现象。

长职业生涯中的平衡杆、减压阀、养生汤。有些人可以全身心投入工作，我们在媒体上见到的那些成功企业家很多都是如此。但是，更多的人还是像我一样，做不到全身心投入工作，而是必须保有时间、兴趣和精力上的“自留地”。我拒绝被工作完全占据身心，用以抵抗的“自留地”就是我的业余爱好。希望大家都能保有这样的“自留地”，当然，想成为 CEO[①] 的人除外。

第三个药方，始终保持信心。用积极的心态看人、看事、看未来，焦虑与否和心态有着直接关系。在消极与积极中，总是选择以积极的视角看待问题，即便短期内不太乐观，也要相信在中长期会有积极的变化。我们唯有采取积极的思维方式，才会有积极的行动，才能争取积极的结果。

不仅要对自己的未来保持乐观，还要对社会和国家的未来保持乐观。胡适提出这三个药方的时候，中国正处于内忧外患之中，面临着亡国灭种的危险。在这种情况下，胡适都呼吁大家要保持乐观，何况今天？

善于做一个幸运的人。乐观的人，能看到眼界之外的积极因素，能抓住促成积极转变的机遇，能凭实力把握好捉摸不定的运气。有一句话叫“Be good at being lucky.”，意思是如果我们相信好运会来，就总能发现好运和机会，并善加利用。而总是悲观

① Chief Executive Officer，简称 CEO，指企业中的首席执行官。

消极的人，看不见好运，即使好运来了也不相信，更不可能把握住好运。

有了这三个药方，我相信在漫漫职业路上，或痛苦或无聊，我们都能保持稳定的心态，熬过低谷。职业生涯中会有“高光时刻”，但是那一刻往往很短暂，我们关键是要学会如何走出低谷，如何在波澜不惊的忙碌中从容自处，把工作和生活都变得有意义且有意思。最后，愿你处好三个朋友——金钱、时间和焦虑。

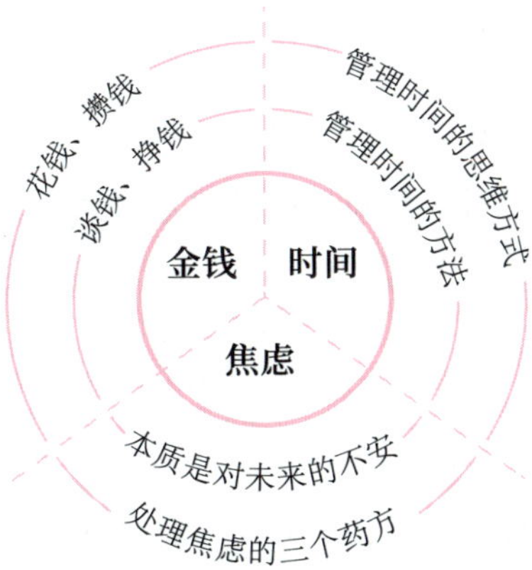

金钱、时间和焦虑

工 作 心 法

同事浓度超过60%的地方

我没有经历过特别复杂的职场，因为我们事务所的人际关系很简单，层级也扁平，大家都专注于做好自己专业的事，不太关注职场中人际交往的方式。反倒是在录制职场类节目的过程中，我有时候会不太适应：因为节目的剧情有时会往令人不爽的方向发展，而一些做法明明是职场中的自然表现，却被当成了在职场生存的样板。

在《令人心动的 offer》中，我带着君合律师事务所创始人肖律师见实习生的这段“戏”，被许多人奉为如何不卑不亢地和领导社交的教科书。其实不仅是我，律所里的大部分人平时就是这样和肖律师相处的，完全没有考虑过“卑”和“亢”的问题。大家更应该关注这段“戏”里介绍别人的方式：多用描述性的词，比如学校、家乡、工作经历；少用判断性的词，比如“帅哥”“美女”。介绍一个人要尽量客观，不要让本人尴尬，也不要让别人不舒服。

如何处理好与上级的关系，可能是职场人的普遍痛点。我收到过不少年轻朋友的职场求助，它们往往集中在和上级的关系上：有的人工作干得很好，却得不到领导的认可；有的人和领导关系紧张或者不投机；有的人觉得领导偏心或者故意为难自己。

上下级关系是职场中各种关系的落脚处。企业文化的优劣会集中体现在上下级关系上，如果公司内部关系紧张，那上下级关系多半紧张。公司和客户的关系也集中体现在上下级关系上，如果公司奉若神明的客户是“南霸天”，那我们的领导多半就是“周扒皮”。反过来，如果公司内部是友善互助的，公司和合作伙伴是互相尊重、互相赏识的，那么上下级关系就会融洽得多，但这的确是可遇不可求的。

在上下级关系里，起决定作用的是上级——这就是上下级相处的难处。举个不恰当的例子，这就像亲子关系里起决定作用的是家长。书店里与亲子关系相关的书大都是教大家怎么做好家长，怎么关心和理解孩子；但讲上下级关系的书，大都是教大家怎么做好下级。这就像要求孩子去处理和一些脾气不好的家长之间的关系，可真是太难了。

如果大家觉得我在向肖律师介绍实习生时表现得好，那也应该说主要是肖律师做得好，他没有架子，自己“不亢”也不要求别人“卑”，所以我才不卑不亢。毕竟在上下级关系里，起主导作用的是上级。

遇到不好的上下级关系，该怎么办？

有一类是属于好处理的，就是时间不长的关系。有好几位朋友曾经写信来说，和自己的研究生导师或博士生导师关系不好。这种事就相对好办，因为我们一毕业，这段关系就结束了。顺便说一句，我收到的有关导师的投诉比对老板的投诉还多，可能是因为公司有像劳动法一类的明确章程，而学校关于人际关系的规则更多是隐性的。

有一类是属于可以处理的，就是和别人较劲的关系。比如认为领导偏心，对别人或者其他部门更好，对我们更苛刻。这类不公平的事的确很气人，但最重要的还是关注自己，自己的工作完成得好不好，工作量是否合适，成果是不是有价值。我们要关注的不是别人上班又迟到，领导还和他谈笑风生；或者其他部门没完成任务，奖金也没少拿。如何评判级别相同的人和部门是领导的事，我们没拿领导那份钱，犯不上替他操心。况且时间长了，每个人的工作成果和效率自然会反映出来，这靠的是自己的工作能力。我们要有长期主义的态度，不要被领导一时的评价打乱自己的节奏。

还有一类是属于不能处理的，就是长期观察下来发现领导水平确实不行，没有判断力，企业文化、客户文化也差，另谋高就可能是个好办法。我们还可以从大环境和小环境两个维度进行具体分析。大环境是行业、公司的情况，小环境是直属领导、团队、客户和部门的情况。如果大环境和小环境都好，那我们就是幸运的，好好干就行；如果大环境和小环境都差，走人就完事；如果小环境好，大环境差，那还能忍忍，虽然长远发展的前景不好，但眼下可能还算舒服；如果大环境好，小环境差，这是最让人难受的，行业或者公司都挺好，但就是跟领导不对付，那就需要我们好好权衡了。

职场关系还包括在工作之外的交往。有句话说得有意思：**同事浓度超过 60% 的地方就是工作场合，哪怕我们身处三亚海滩。**

你是不是不喜欢下班之后的社交，特别是饭局、旅游之类的集体活动，觉得这样很累？你有这种感觉就对了，因为这些活动本来就不是娱乐休息。我刚入行那几年也是觉得累，尽量不参加饭局、旅游，只会参加感兴趣的年会、办公室刊物创作、足球比赛等活动。我的经验是：**有兴趣的活动多参加，没兴趣的活动躲一躲，**这样也不会显得太不合群。

换个角度看，与同事、上下级在办公室之外的交往也是增进彼此了解的好机会。通过一起旅行、吃饭、聊天，我们可能会更加了解同事的生活，别人也可能会了解我们在某方面的特长。有时候我们有事找领导，在互相不熟悉的情况下直接敲门，和领导沟通起来就很拘束；但如果曾经我们和领导一起吃过饭、聊过天，甚至一起踢过球、划过船，那我们和领导相处就会更加自然。

人生问答

学生：在职场上要戒掉个人情绪吗？

我们无法戒掉情绪。

我们都是人，谁都做不到这一点。就算请来一位得道高僧，他也有自己的情绪，高兴、悲伤或者愤怒都是人的情绪。

情绪都是短暂的，过去了就过去了，但我们要注意在受负面情绪影响的时候，不要反弹得过于激烈，最后弄得大家都不愉快。职场跟家不一样，我们要注意职场中行为的边界感，培养整体思维，不能把成功只归因于自己聪明，因为只有方法、态度和周围的环境对了，才能把事情做好；把失败归因于自己愚笨也不合适，因为可能是方法、知识或周围的环境错了。

所以，我们要渐进地、多角度地看待成败。你聪明或不聪明，合适或不合适，有时候只是影响事情成败的非常小的因素。不要把整体的自我等同于一件事的成败，认为事成了就是自己聪明，事不成就是自己不适合，要杜绝这种思维。

学生：如何把握并跟上团队节奏？

多观察，多体会。

因为每个工作单位，甚至同一工作单位里不同部门的工作节奏都是不一样的。这跟工作单位和团队的工作氛围有关，尤其是主要领导人的工作风格——他是风风火火的人，还是慢条斯理的人？此外，所处行业的竞争是激烈的，还是相对缓和的？两者的工作节奏肯定不一样，这都需要我们去慢慢摸索。

其实，我们只需要在工作节奏上配合团队，能够和大家一起向前走就行。有时候，我们年轻的朋友可能会紧张，总想把自己从头到尾改造成完全适应团队的人，这就会给自己带来很大的压力。假设过了两三年，我们又换了一个团队，是不是又要把自己重新改造一遍？所以我们要自己去体会团队的节奏、成员之间配合的方式以及人际交往的方式。

有的团队说话非常直接，有的团队就相对含蓄一点儿，余地会留得更多一点儿。我们要用最适合自己的方式去跟新的团队、工作单位对接，并不需要强行改变自己，把自己打得粉碎，捏出一个新的人来适应团队。

学生：工作任务重，如何向领导反馈?

首先，要问清楚工作任务的截止日期。工作的时限不能模糊，任何工作都应该给一个明确的时限。我们在一个综艺节目里故意不给工作的时限，就是想看年轻人会不会问。

其次，及时和领导沟通“理想的截止日期”。工作一般会有两个锚点，第一个是理想的完成点，第二个是远期的完成点。如果错过了第一个理想的完成点，那在第二个远期的完成点前完工也是可以接受的，这个“远期的完成点”具体是在一天以后还是一天半之后，都是可以和大家充分沟通的，千万别闭门造车，闷头儿干。我们团队之前有一位实习生，接到一份查商标的活儿，他跟领导说明天给行不行，领导说行。但那个查商标的网站运行得特别慢，仅仅是等网页跳出来都需要好久，100 多个商标需要一个一个核实，结果他就查了一宿，熬了一个通宵。后来我听说了这事，因为实习生一般没有这么大的工作量，所以我就去了解他为什么熬通宵。我发现，这件事其实只需要他跟领导沟通一下工作的截止日期：“因为网站运行得特别慢，我明天给不了文件，这样行不行？”领导一定会说行，因为他没有那么着急，所以这其实是实习生给自己下达了一个非完成不可的任务，也是一种缺乏沟通的表现。

最后，相信很多事情是可以协调和安排的。不排除有时候工作任务的安排，对一个新人来说确实挑战过大，超出了其能力和经验范围。如果真的来不及完成，我们在这个时候就一定要和领导再次沟通，从领导那儿得到一些反馈。如果我们不和领导沟通，一直忍着，最后把自己累坏了，累病了，突然有一天跟领导说自己压力太大，想要辞职，这反而是公司和团队共同的损失。我们不要把什么都憋在心里，该求助的时候要求助，该发问的时候要发问。

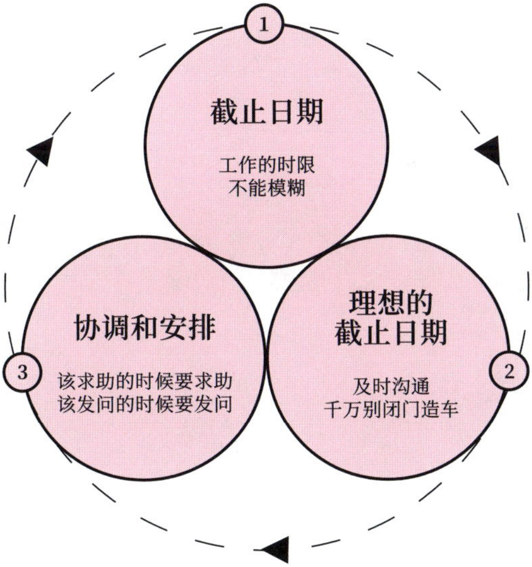

向领导反馈工作任务的方法

杨宁

钢铁是这样炼成的

面对复杂的人际关系、多变的工作任务和持续的自我成长，过于执着地寻找“标准答案”可能会导致我们失去更多的可能性。人生中的大多数决策都是基于我们当时的情境、条件和感受而做出的。所以，没有所谓的“完美选择”，只有“适合当下的选择”。与其不断寻找“标准答案”，不如去寻找特定情境下的“最优解”。

杨宁

中央民族大学文学院教师

已出版作品：

《看不见的文学：文学如何“理论”》

bilibili 账号：

杨宁老师

一、时刻保持“慎独”的心态

想象一下这样的场景。你进入职场后，成了一名办公室文职人员。有一天，领导让你打印一些文件并将其分发到每位领导的工位上。你按照要求打印好文件，用订书机在每份文件的左上角进行了装订，然后马不停蹄地将文件分发到了每位领导的工位上。在这一过程中，你和每位领导可能从头到尾都没有见过面，但他们却在脑海中形成了对你的第一印象。

既然都没见面，那这个第一印象从哪儿来？其实很简单，你将文件放在工位上时，是横平竖直地放在桌面的正中央，还是随手一丢任其滑落到桌面的不同角落？你在用订书机装订每份文件时，是有意识地将订书钉以 45 度角装订在左上角，还是胡乱地订上就好？这些都能在他人脑海中形成关于这个人是否靠谱儿、是否严谨、是否踏实、是否有经验的第一印象。这个印象在对方回到工位上，看到你送的文件时就已然形成，根本不需要与你见面。而且，即使你在上述诸多方面做得不够规范，对方也不会提醒你，毕竟没有人会因为如此细枝末节的问题而浪费时间。可见，在职场中，人与人之间的印象往往是在这种悄无声息的过程中形成的。而这些印象会不断地累积，最终决定我们未来的职业发展道路。

所以，我对所有刚步入职场的大学生的第一个建议就是：保持“慎独”。在任何时候，做任何事情，都要努力做到最好，不要试图蒙混过关。

蒙混过关的思维本质上是学生思维的产物：上课时，老师在讲台上讲课，有的学生在底下玩手机，想着即使被老师看到了也不太会影响自己的期末成绩；写论文时，也有学生以为即使是东拼西凑，但只要不过分，一般也都会拿到及格的分数；甚至还有学生觉得上课即使迟到几分钟也不会影响出勤率和平时成绩。学生时代的一次次“蒙混过关”，使得很多学生产生了一种对待任何事情都无所谓的心态。而一旦将这种心态和思维带到工作中，则往往会导致不可逆的后果。毕竟我们与周围同事之间的关系不再是同学般的友好亲密关系，我们与领导之间的关系也不再是师生般的指导授受关系，而是一种合作乃至竞争关系。在这种职场关系中，周围同事和领导对我们的印象决定了我们未来职业的发展空间，而某种印象一旦形成，则很难在短时间内改变。

怎么才能改变学生思维呢？我们只需要在日常生活中努力

做到两点。第一，任何时候都要尝试从对方的角度思考问题。第二，任何时候都不要认为自己的某些想法（诸如蒙混、偷懒）不会被别人知道。举个简单的例子，假如我们计划一周后回家探亲，需要跟领导请假，什么时候请假合适呢？有一种做法是回家的前一天甚至当天再告诉领导，这背后的意思是：反正我车票也买好了，行李也收拾好了，无论领导批不批假，我都走定了。这样做虽然我们的目的达到了，却将领导置于十分被动的境地。领导的不满并不在于我们是否请假这件事本身，而在于我们的这种做法显示出我们只从自己的角度思考问题，没有为对方考虑。事实上，我们的所有小心思，别人都是知道的。

要改变这种学生心态，就需要我们在日常工作中时刻设身处地为对方着想。比如提前一周就跟领导沟通请假事宜，征求领导的意见；在任务完成后，主动询问领导是否还有其他需要自己做的地方，而不是直接打卡下班；在团队项目中，不仅要完成个人任务，还要关心队友的工作进度，为其提供必要的协助。只有时刻牢记“我能为团队或他人做些什么”，树立责任意识，才有可能真正转变工作态度，赢得良好的人际关系。

最近几年有一种“00后整顿职场”的说法，针对的是职场中常见的“PUA”现象。所谓“职场PUA”，指的是职场中上级对下级的一种“精神控制”，也就是无论员工怎样做都要受到批评和打击，上级通过打击员工信心的方式实现对下属的控制。而“整顿职场”就是对这种控制的反抗，于是就出现了所谓的“拒绝无效加班”“拒绝酒桌文化”“反对领导‘画大饼’”等“整顿”方式。这种“整顿”与前面所说的“慎独”是否矛盾呢？其实不矛盾。“慎独”心态的最终目的是要做到对人、对事、对己都无愧于心，而不是毫无底线地接受领导的一切批评。换言之，“整顿职场”并不等于对职场中的所有事情都可以敷衍了事，“慎独”也并不等于可以接受来自非本职工作的任何任务和要求。其中的关键在于我们做每件事时都要反思一下，问一下自己：“我在做这件事情的过程中真的尽心了吗？真的没有任何敷衍的想法吗？”如果答案是肯定的，那就是做到了“慎独”。

“慎独”不仅意味着要做好自己的本职工作，还意味着要在工作之外关注职场社交和个人修养。比如，午休时间主动与同事聊天，了解不同部门的工作情况；参加公司组织的篮球赛或春游等活动，在活动中认识不同部门的同事；外出开会或参加商务活动时，注意言行举止，避免流露出不耐烦的负面情绪；项目失败或受批评时，保持谦虚、冷静的心态，从中汲取经验、教训等。这所有一切都会成为他人对我们职场印象的组成部分。

不要因为自己目前还只是一个小职员，就有“反正我不起眼儿”的想法。要知道，林中的百年大树也是从小芽开始长起的。

只有从现在开始，规划好每一寸土地，才能在职场中茁壮成长。

职场中我们需要养成“慎独”的态度，无论做任何事情都要尽力而为、一丝不苟，以形成良好的职场印象。只有保持聚沙成塔的心态，我们才能在职场中不断成长。

二、“受伤”是成长的“标配”

在职场中，决定未来发展方向和发展空间的是作为“硬实力”的专业能力。每行每业都有自己的专业技能要求，但有些同学在进入职场后，往往认为“学习”是只在学校里才会进行的事情，工作只是赚钱谋生的一种手段而已。事实上，“学习”是伴随职场生活的必修课。当然，职场中的“学习”与学校中的“学习”不同，学校里的学习有时候只是为了应试，而职场中的学习则更多是为了提升自己的专业水平。所以，当我们在职场中感到困惑和迷茫的时候，就需要反思自己是否具备了足够的专业能力，当然，这个前提是要搞清楚自己的职业到底需要哪些专业能力。比如一名中学语文教师的专业要求就包括很多方面：首先要了解语文教材中所有课文的教学重点和难点，同时还要了解历年考试中所有类型的题目及其难易特点，这需要平时下一定的功夫才能做到。除此之外，作为一名语文教师，还要有出色的授课能力，这就需要不断训练自己在讲课节奏、时间把控、内容吸引力等方面的能力。平时是否有意识地学习优秀教师的授课方式，是否有意识地将现实生活中的素材内容与授课内容进行结合，这些都是需要不断提升的专业能力。当然，如果不下功夫，仅仅是照本宣科，也能讲课，也能当教师，但受专业水平的限制，就很难成为优秀的教师，也很难在职业道路上有更大的发展。

对任何职业而言，专业能力的提升都直接影响着个人的发展空间。当感到自己在职场的发展停滞时，我们就需要反思自己在专业能力上是否还有待加强。与此同时，我们还需要关注行业发展趋势和热点，了解哪些新技能才是这个行业当下需要的。事实上，在很多新兴行业和应用型行业里，如果自己的专业能力还停留在一两年前的水平，那基本上已经落后于行业发展的步伐了。比如，作为一名市场营销人员，了解不同营销渠道的方式和特征是非常关键的。目前微信、抖音等新媒体平台兴起，传统的电视广告优势不再。如果一名市场营销人员只会传统广告制作，不懂新媒体运营，那么他的营销方案就失去了竞争力。再举一个例子，人工智能正在渗透各行各业，无人驾驶已成为汽车行业的热词，相关从业人员就需要提前掌握这些新技术，为行业转型做好准备。

接下来的问题是：专业能力提升到什么程度才算是比较到位？很多人会说：“我也学了不少东西，也努力过了，但好像就是没有什么起色和变化，这到底是什么原因？”其实，这里有一个“度”的问题。要知道，专业的训练要求与业余的训练要求是不一样的。业余的训练往往是为了娱乐和满足兴趣，而专业的训练则是为了突破自己原有的舒适圈，努力使自己在某方面达到更高水准。在体育领域，专业运动员与业余运动员的区别就在于专业运动员要把自己练到受伤。

同样，任何职业领域的专业人士都要经历破茧成蝶的过程，简言之就是要让自己“受伤”。教师需要受教书的“伤”，程序员需要受写代码的“伤”，科研人员需要受做实验的“伤”。总之，“受伤”是成长的“标配”。当然，这并不是说成长就是要给自己找罪受，而是说，提升自我的本质就是要不断超越那个原有的自我。

那么，如何才能在职场中不断提升自己的专业能力和水平呢？首先，要树立在某一专业领域的理想和目标，这里的专业目标可以是我们心目中优秀的行业精英所具备的知识结构和能力标准，也可以是我们在某一专业领域所能达到的最高水准。目标定得越高远，就越能激励自己不断学习和进步。设定目标后，还要制订详细的时间表，将远大目标细化分解，明确自己每天、每周要完成的具体学习任务。其次，在专业学习过程中，务必保持谦逊、谨慎的心态，时刻意识到自己的知识局限性，不要因为学到一点儿知识就自以为是。只有不断突破自我，才能在这个行业占有一席之地。最后，还要注意理论与实践的结合，将学习到的知识应用到实际工作中，在工作实践中检验学习效果，并不断总结提高。理论最终要回归实践，实践又会进一步完善理论知识体系。如果能做到这几点，提升专业水平就指日可待。

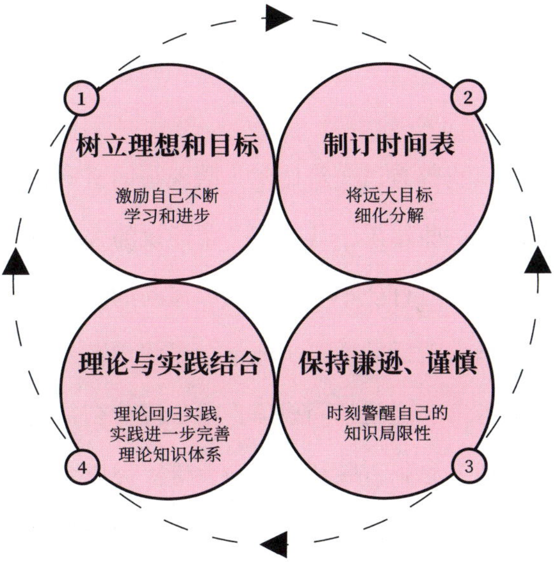

提升专业水平的方法

三、用冷峻的态度看待周围的人和事

很多年前，我曾看过一篇比尔·盖茨写的文章，他在文章中对青年人提出了一些建议，其中有一条建议的大概意思是：不要指望这个世界百分之百公平。以比尔·盖茨的阅历和见识来说，这句话显然不是失败后的抱怨，他是在提醒年轻人：这个世界没有绝对的公平可言。这就如同战争，很难讲什么是绝对的公平，失败者往往被视为罪犯，胜利者成为英雄。类似地，体育比赛也很难实现百分之百公平，否则就不会出现裁判误判的情况了。甚至考试也很难做到完全公平，比如在高考中，做对 4 道最简单的选择题就能得到 16 分，而做对一道最难的数学解答题也只能得 16 分，这两个 16 分在分值上是相等的，但它们代表的能力和水平能相等吗？然而，问题是谁又有更好的办法让考试的标准变得更公平呢？

既然没有办法实现百分之百公平，与其抱怨标准的不公平，不如采取一种更为冷峻的态度来审视它。

这个世界不是非黑即白的，不会对每一个人都完全公正。年轻人要有心理准备，通过自己的努力去争取应得的东西，而不是单纯指望社会的公平。因为抱怨不会改变现实，只会让自己更加痛苦和消极。不仅如此，我们在日常生活中也会遇到很多不公平的事。比如有些人天生家境优越，有些人只能靠后天奋斗；有些人时运顺遂，有些人则命途多舛。面对这些不公，我们不可能要求社会做到百分之百公平，这当然也是不现实的。遇到不公时，我们没必要怨天尤人，而应当用一种冷静而客观的态度去看问题。用这种冷峻的态度去看待周围的人和事，不仅可以避免消极抱怨，还可以让我们保持理性和澄明，做出正确的选择。当我们学会不去计较别人的不公平对待或无礼时，就能保持内心的平静；当我们接受自己无法改变局面的现实时，就能重新出发，寻找新的方向。

很多人刚进入职场时，对公司里发生的种种事情都抱有热情和好奇心，想要参与其中，站在某一方表达自己的观点和态度。但其实，我们更应该学会如何在职场里保持冷静和理性，用更宽广的视野看问题，这样才能在复杂的职场环境中生存和发展。

当我们还是学生时，常常会对事情持鲜明的态度和看法。面对不公平的事情，我们会义愤填膺，大声疾呼。但进入职场后，我们会发现职场里的许多事情都不是非黑即白的。今天我们站在这一边表达不满，明天升职或调动部门后，我们可能就变成了自己曾经不满的对象。所以在职场中，不能只凭热情行事，需要用理性和政治智慧来处理复杂的人际关系。职场就像一个微型社会，不同利益群体都在相互博弈。比如公司裁员或调整薪资结构时，我们可能会对某些同事的遭遇表示不满。但是作为公司的一分子，我们也需要了解决策层所面临的资源约束和发展困境。如果每个人都只为自己发声，公司如何才能持续发展呢？所以处世不要只看眼前，要放眼全局。与其批评某些决定不公，不如思考在资源有限的情况下，如何做出勉强公平的决定。当然，这并不是说我们要在职场抛弃自己的原则和态度，面对真正不合理或违法的事，我们还是必须坚定且勇敢地发声。但在处理很多模糊问题时，则需要保持冷静、客观。这可以让我们更清醒地认识公司的人情世故，为以后在职场中的生存打下基础。

如何做到这种冷静和理性呢？我们可以把自己想象成一名科学研究者，以科学家的严谨态度来观察身边发生的种种事情。就像观察实验现象一样，首先要收集各种“样本”，如聊天中同事的言行举止、会议中的各种观点、午饭时间的人际交往等，这些都可以作为研究的第一手资料。收集到“样本”之后，按照事实进行分析，找出事情的因果关系和逻辑脉络，努力保持客观理性的态度，不带有任何偏见。比如，当听到同事在茶余饭后抱怨领导的决策时，我们不应该随波逐流，而要先观察这名同事平时的工作态度。如果他工作不认真，经常推卸责任，那么他抱怨的言论也就未必可信。再结合自己对领导和公司的了解，客观判断事件的来龙去脉。如果仅从同事一方的说法出发，我们就无法全面分析问题。同样，当公司改组或裁员时，我们也不应该一味地批评决策不公，而是要收集公司业绩信息和财务数据，结合行业环境分析公司所面临的困境。我们不能简单地判断对错，而是要分析和理解公司行为背后的逻辑。

总之，以严谨的态度观察职场，可以让我们在复杂的人际关系中独立思考、冷静判断。这不仅对我们的职业发展有好处，也能让我们成长为更睿智的人。职场就像一个充满谜题的世界，等待我们去发掘其中蕴含的深刻人性和智慧。

四、生活没有标准答案

在学校时，我们习惯于追求标准答案，希望得到最高的分数。但在现实的人生和职场中，很少有事情存在一个明确、固定的“标准答案”。面对复杂的人际关系、多变的工作任务和持续的自我成长，过于执着地寻找“标准答案”可能会导致我们失去更多的可能性。人生中的大多数决策都是基于我们当时的情境、条件和感受而做出的。所以，没有所谓的“完美选择”，只有“适合当下的选择”。**与其不断寻找“标准答案”，不如去寻找特定情境下的“最优解”**。比如，面对职业发展的选择，有人选择进一步深造，有人选择创业，还有人决定在当前单位继续成长。这些选择到底是对是错，是好是坏？任何人都无法给出一个明确的结论。甚至在做出选择之后，所谓的“事实证明”也无法印证最初的选择到底是对是错，毕竟即便已选择的结果是好的，也不能证明当初的其他选择是错误的。

也正是因为职场上的很多事情都没有“标准答案”，所以切记不要随便否定他人。在日常生活的闲谈中，否定别人的观点是很多人彰显自己“正确”和“优越感”的方式。事实上，这种否定只会在人际关系处理上带来负面效果，毕竟没有人愿意承认自己是错的。更重要的是，越是没有“标准答案”的问题，越容易引发争论，而争论的结果往往不是“真理越辩越明”，而是双方都固执己见，最终不欢而散。想象一下，假如在聊天中对方提到某部电影很好看，而我们恰恰不喜欢这部电影，我们是否有必要直接否定对方的观点呢？如果直接予以否定，对方会因为我们否定的理由而认可我们吗？要知道，一部电影是否好看的背后涉及不同人的审美观念，而审美观念的形成是每个人从出生以来所有见识、教育、知识、阅历的总和，否定一个人的审美就等于否定了他前半生的一切。如果一个人的审美被否定了，他一定不会感到舒服，而且往往还会发生争论。审美问题有“标准答案”吗？显然没有，所以否定对方的审美不仅不会促进人际关系的和谐，还会让彼此产生距离感。而在职场中，频繁地否定对方，哪怕是无意识的，往往也不利于友好社交环境的建立。

生活中，很多时候我们都在寻找一个最好的答案，但实际上，最重要的是听从自己的内心，根据自己的情况做出最适合自己的选择。只有不追求生活中的“标准答案”，我们才不会在否定他人的过程中，产生太多的社交屏障。

当然，一些专业领域的问题，比如计算机编程、医学诊断等，还是存在标准答案的。但即使是在这些领域，不同的人也会有不同的解决思路和做事方法。所以我们还是需要保持开放的心态，平等地对待每一个观点，吸收其中的精华，不应仅仅因为它和自己的想法不同就予以排斥。同时，我们要深入了解问题的本质，区分哪些是存在标准答案的专业问题，哪些是需要尊重他人选择的个人问题，避免生搬硬套。其实，很多观点的分歧都源于信息不对称和立场不同，我们应该平和地交流观点，给对方阐述自己看法的机会，在反驳时使用温和的措辞，并给出可以让双方接受的建议或解决方案。只有这样，我们才能打造和谐共事的环境，真正解决问题。

在职场中，当我们面对没有标准答案的问题时，切忌用绝对的态度否定他人，而是应该积极、主动地倾听不同的观点，保持谦逊、谨慎的学习态度，这样才能不断获取新知，建立良好的人际关系。这也是我们在职场中持续学习和成长的关键所在。

工作心法

是要赢过别人，还是要无悔一生

在过去几年的从教生涯中，我发现学生普遍存在着一种心理状态——焦虑。本科生因自己无法保研而焦虑，硕士生因自己找不到好工作而焦虑，博士生因自己无法完成毕业论文而焦虑。面对大家的这些焦虑状态，作为一名教师，我再跟大家说什么“无用之用为大用”“上大学不是为了找工作”之类的话，多少显得有些“站着说话不腰疼”。

事实上，我在求学过程中也经常会遇到各种各样的挫折和失败，而面对这些所谓的“失败”，我必须承认自己也焦虑过、迷茫过，甚至不断地怀疑过、否定过自己。每当我开始焦虑时，我就会反思：“自己到底是因为什么选择了文学这条道路？”在不断的反思中，我越来越清晰地意识到：相较于考上名校，获得他人羡慕的眼光，能够与文学相伴才是人生中更难能可贵的事情。我当初之所以选择文学，是因为我永远也忘不了童年时代母亲深夜给我讲故事时那昏暗的灯光，永远也忘不了读《红楼梦》时让我一次又一次辗转反侧的感动和怅然若失，永远也忘不了日夜揣摩康德、黑格尔思想时所感受到的澎湃激情。所以，我经常问自己：“到底是要赢过别人，还是要无悔一生呢？”

如果追求永远的胜利，那我们很可能会陷入无休止的竞争旋涡，忽略了更重要的事情。人生中真正有价值的东西可能恰恰是那些经常被我们忽略的情感。在我看来，既然能以文学为伴，又何必因失去其他东西而焦虑呢？

大部分人的焦虑往往来源于自己对如何才能“赢”过别人的关注，但事实上，相较于这种无休止的“内卷”，回到自己的初心才是最重要的。我们来到这个世界是为了体验丰富多彩的人生，而不是把自己活成一个工具。

人生的路很长，要相信任何一次成功和失败都不一定会改变自己的命运。很多人在讨论职业发展时，往往会过分强调某一次重要的成功或失败，认为它决定了之后一切的走向。比如获得某个重要项目就意味着职业生涯从此一帆风顺；赶上公司裁员就等于职业生涯从此一蹶不振。其实不然，人生的发展并不像直线那样简单。任何看似重大的成功和失败，其实都只是人生中平凡的一段经历。

面对复杂的“内卷”及其带来的焦虑，我建议在还有选择余地的前提下，尽量选择那些能让我们愉悦、感到充实的事情。不要被社会的压力和他人的期望左右，要找到属于自己的人生道路，追求真正的幸福和满足。

人生问答

学生：什么是正确的审美？

当代大学生从小到大接受的应试教育，导致他们总是觉得学习的目的就是要去找寻一个标准答案，似乎通向这个标准答案的路只有一条。但是对文学作品来说，正确答案并不是唯一的。我开设“文学理论”课不是试图给大家一个明确的结论或答案，而是以思考的多元性、对文学作品的多种解读为前提，训练大家以多重视角思考问题。所以我想告诉大家：不同的观点之间是可以相互碰撞的，这个世界的认知角度是多元的。我也希望学生们能通过我的“文学理论”课，在现实的迷茫中构筑自己的审美观和世界观。

审美是人一生经历的总和，审美的重要性在于它是人最本质的需求。从美学的角度讲，一个人只要活在这个世界上，有理想和向往，那这些理想和向往就是审美理想和审美向往。比如期待自己成为一个什么样的人，这个期待本身其实就是一种审美式的向往，不光包括外形上的，还包括精神上的。

审美直接引导了一个人对未来的自己或者社会的想象，那我们应该提倡什么样的想象？在我看来，没有绝对正确和绝对不正确的审美，问题的关键在于它能否体现出个人在社会中的尊严或价值。

学生：写作为什么那么难？

写作之难，就在于要把网状的思考，用树状的结构，体现在线性展开的语句里。

法国著名文学批评家罗兰·巴特在1968年发表了一篇著名文章《作者之死》，他认为作者不具有主体性，语言才是文本的主体。我们写文章其实只是把自己的部分内容，如观点、想法和能力组合在一起，这样的文章能代表完整的自己吗？一定不能。所以从某种程度上讲，写作只是呈现出了写作者的部分，并非全部。所以罗兰·巴特才说："写作过程其实是对身体和思想合二为一的一种否定。"

此外，我们在写文章的时候，必须调动一个工具——语言。大家肯定有过这样的感受，就是在写文章之前有一个非常好的想法，但是一下笔，就突然觉得把想法写出来怎么那么费劲，感觉自己的好想法一旦落实到笔头上就写不好。《文心雕龙》的作者刘勰曾说："意翻空而易奇，言征实而难巧。"这句话的意思是：言意之间经常是矛盾的，我们想得很好，但是未必能写得很好。因为我们所有的想法都要转换成语言，想法可以是天马行空的，但是语言是线性的，必须遵循一定的逻辑和语法规则。从第一个句子到第二个句子，必须是有逻辑地展开。在转换的过程中，我们会发现真正促使我们怎么写的是语言，正如罗兰·巴特所说："文本是各种引证组成的编织物。"什么是"编织物"？举个例子，母亲给我们织了一件毛衣，这件毛衣表面上是母亲给我们织的，但事实上编织是有规则和方法的。在母亲给我们织毛衣之前，这个规则就已经确定了。母亲只是一个编织者，真正构成毛衣的是编织的规则及其整个结构，而不是母亲这个人。同样，作家在创作的时候，编织语言的符号是什么？是语言的语法系统，而不是作者。

我们在写作时会发现思路不完全受自己控制，我们不能想怎样就怎样，必须把思路顺下来，这个"顺下来"的过程必须遵循另一套逻辑。罗兰·巴特认为，作者与作品是同时诞生的，作者并不会早于作品登场，也不决定作品。作者的"死亡"宣告了读者的诞生，这也就意味着"一千个读者就有一千个哈姆雷特"是完全有可能的。

学生：灵感是可控的吗?

作家的神奇之处在于能够写出我们心里一直在想，但却说不出来的东西。我们一般把这种“人人心中所有，人人笔下所无”的东西叫作灵感。

那么，灵感究竟是从哪儿来的，怎么才能产生灵感？这些都是非常复杂且神秘的问题。著有《喧哗与骚动》的美国作家福克纳就曾经说过：“对灵感之道我一窍不通，因为我根本就不懂灵感是怎么回事——我听说过，可就是没见过。”

灵感给人的感觉总是那么无序和神秘。有人采访日本作家村上春树，问他是怎么写作的。村上春树说，他每次写作都是先写一两节，一旦发现写作思路停滞了，就会把稿子放到抽屉里，然后出去散散步等灵感来。在村上春树看来，灵感是可以等来的。

“灵感”这个词在古希腊语中就是“神”和“气息”两个词的组合，意思是神赐的灵气。早期，人们认为作家只是“传声筒”，作家之所以伟大是因为他们被神灵附体了。我们常说孔子“述而不作”，“述”的意思是讲述，“作”的意思是创作。孔子很谦虚地认为自己说的道理是圣人的道理，自己只是将它们传递出来而已。

如果我们把灵感的神秘性解释为神灵附体的话，那灵感就是不可研究的，但在文学理论中，灵感是可研究的。灵感的可研究性首先在于灵感的可控性，我们通常认为灵感是一种可控的思维方式。

著名科学家钱学森在做科学研究时说过："我想思维科学似乎应该是专门研究人的有意识的思维，即人自己能加以控制的思维。"

灵感是可控的，尽管它表面上看起来好像不可控。说灵感不可控是因为灵感往往存在于潜意识中，渗透在潜意识中，作用于潜意识，发生在潜意识中，酝酿在潜意识中。说灵感可控是因为产生灵感的前提和条件是可以控制的，这些前提和条件往往是一些事件、问题或者各种各样的目的，它们都是现实生活中可感知的具体事物。

1982 年，马尔克斯凭借《百年孤独》获得了诺贝尔文学奖。诺贝尔文学奖有一个"诺奖的诅咒"：当一个作家获得了诺贝尔文学奖之后，他就很难再写出优秀作品了。但马尔克斯打破了这个诅咒，他在 1985 年写出了另一部文学经典《霍乱时期的爱情》。这部小说讲述了一个长达 50 多年的爱情故事，据说马尔克斯是看到了下面这则新闻才产生的灵感。两位老人到他们 40 年前约会过的小船上故地重游，但两人跟船夫起了冲突，船夫失手把老头儿打死了。新闻一经报道，两人更多的信息也被曝光出来了：老头儿和老太太原来是地下情人，各有各的家庭，而且儿孙满堂。在这 40 多年间，他们经常约会。马尔克斯看到这则新闻后，觉得非常适合写成小说，于是就有了《霍乱时期的爱情》。所以灵感是可控的，因为它的产生需要一些前提和条件，如果没有这些前提和条件，作家就写不出伟大的作品。

宋浩

在工作之后，如何保持“优雅”

如果你22岁就开始工作，我会觉得你的人生太苦了。因为在我看来26岁以前的人生应该是用来读书的。此外，每个人的能力其实都差不多，只要坚持做，一般来说都能成功。别人工作的时候，你在工作；别人休息的时候，你还在工作。只有这样才能兼顾工作与生活，在压力之下保持“优雅”。

宋浩

山东财经大学数学老师

已出版作品：

《线性代数辅导讲义》

《高等数学讲义》

《线性代数考研高分领跑计划九堂课》

《396 经济类联考数学讲义》

bilibili 账号：

宋浩老师官方

一、我的“顶流”之路

我现在已经是一个很有“身份”的人了，而且还不止一个身份。第一重身份，是学校的一名普通老师；第二重身份，是B站拥有700多万粉丝的视频“UP主[①]”；第三重身份，是同学们的老学长。

毕业多年以来，我经历了许多磕磕绊绊，也有了一点儿小成绩，而我成为B站“顶流”的故事还得从9年前说起。我通常是教微积分的，线性代数是其他老师教。但有些老师的线性代数课讲得比较枯燥，去听课的学生不多，有些同学即使去了也没有认真听课。很多学生学不会这门课，于是就向我求助。我一看很着急，那么多“小可爱”向我哭诉，求我帮帮他们，故事也就是从那个时候开始的。

① 指上传视频、音频或其他资源到网站的人（即投稿人），该词是从日本流传过来的网络用语。

我最早的录课设备是一支价值两三百元的录音笔，后来买了一个二手的索尼 DV 机，用三脚架架着录课。再后来的故事大家也都知道了，从高清的 4K 录像机，到大振膜麦克风、无线麦克风、手写屏、交互屏等全套设备，我在设备上前前后后投入的成本有十几万元。2 万多元的摄像机，我会同时买 3 个，但这种事情我从来不敢跟我媳妇说。我媳妇经常问："这个相机这么小，还是 4K 的，需要多少钱？"我只能说："这个相机很小很便宜，3000 元一台。"其实这 3000 元只是一个零头，实际是 2.3 万元一台。

我做视频的前 6 年其实只有投入没有产出，这是我想分享的第一个观点：**坚持做一件事。**

实现一个目标的确需要很多年。我到目前为止实现了两个人生目标，第一个人生目标是把身穿黑色学士服、蓝色硕士服和红色博士服的三张毕业照片摆在一起。为了实现这个目标，我前前后后花了 11 年的时间。我们那时参加工作的老师很多只是硕士学位，博士学位的人很少。那我为什么一定要考博士呢？这事儿还得从我读研时就已经硕博连读的室友说起。他五一放假回老家后感觉很奇怪，晚上他父亲带着他去亲戚家串门闲聊，在不经意的时候，他父亲说："哎呀，有一个事不知道是好事还是坏事。"这引得亲戚们好奇不已。他父亲就接着说："俺那个孩子读了一个什么'硕博连读'，读一个叫'博士'

的东西，也不知道是好还是坏。”亲戚听后对他父亲进行了一番吹捧，他父亲憨厚的、黑黑的脸上也偶尔闪现出那么一丝丝的喜悦和幸福。他父亲虽然是农民，但也当然知道硕博连读是件好事，他就是到亲戚面前显摆的。当时我就想：他能考博士，为什么我不能考博士？所以我前半生最大的目标其实就是考博士。每个目标的实现都很困难，本科 4 年，硕士 3 年，博士 4 年，加起来一共 11 年。我一直和大家强调，**在人生最美好的时光，一定要去读书，不要着急工作。**我的第二个人生目标是要让全中国大学生学数学都看我的视频，经过九年的不懈努力，这个目标基本上也实现了。

大家在毕业或者求学的时候，可以定一个远大的目标。我的一个本科同学，虽然学习成绩一般，但立志要考北京大学数学系。我凌晨 3 点起来上厕所的时候，发现他还在洗手间借着洗手间的灯光学习，他最后也真的考上了北大。硕士毕业后，他便去英国读博，后来还成功申请了德国的博士后，又在英国教了很多年数学。我的另一个本科同学，读研时期的导师是著名的经济学家厉以宁，但他当年考北大光华管理学院考了整整 3 年。

除了坚持学习和成长，作为刚毕业的学生，我们也需要坚持自己的小创意、小想法。不要觉得自己年轻，想法幼稚，就马上否定自己，很多时候我们都可以再坚持一下。不要着急把自己的想法扑灭，也不要着急把自己的想法卖出去，稍微等一等，说不定这个想法就能成为我们下半辈子的财富来源。

正如一万小时定律所说，我们需要一万个小时才能把事情做成功。在互联网时代，大家只要细心去做，努力去坚持，总会发现有一些目标是我们可以完成的。

二、爱情需要面包，幸福需要物质

我经常说这么一句话：“我们会用大学的 4 年来怀念高中的 3 年，然后用余生来怀念大学的 4 年。”在校的大学生理解不了，因为他们还没离校，等到大家真正毕业以后，就能深刻地理解这句话了。

大学的生活、学习、爱情、友情等话题对我来说很沉重，因为我的前半生为情所困，一路跌跌撞撞。13 年爱情长跑、“宋浩立雪”……大家都听说过，谁让我是一个感情丰富的人呢。我最难过的时候是在一起 13 年的女朋友离开了我，当时我在圣井校区给学生上课。虽然心情很悲伤，但我还是想要努力控制情绪，正常讲课，结果眼泪却止不住地流，同学们还以为我讲数学把自己讲哭了。

校园爱情和社会爱情存在着一个本质区别——社会爱情需要面包，幸福需要物质。校园爱情中表达爱的方式，例如买奶茶、叠千纸鹤、送鲜花，在社会爱情中其实很“廉价”，我们不要被这种很廉价的方式随意感动。我们寻找的另一半不仅是爱人，还是生活伴侣、将来孩子的父亲（母亲）、未来的事业伙伴。

情绪稳定非常重要，因为婚姻不是一天两天的事情，尽量远离容易暴躁和发脾气的人。做事认真、脚踏实地、有实干精神的人，即使很木讷，不善表达，不知道要在节日给爱人买礼物，也可能会是一个很好的伴侣。所以大家在选择伴侣时，一定要思考：这个人适不适合在一起生活一辈子？

“好白菜都被猪给拱了。”这句俗语背后蕴含着深刻的道理：爱情需要面包。尤其是在工作以后，经济问题会表现得特别突出，校园爱情中那些表达爱意的方式就会变得不是那么轰轰烈烈。每天给对方点外卖，还不如每天给对方做西红柿炒鸡蛋；每天给对方买奶茶，还不如每天给对方泡一杯清茶。

我刚到学校工作的时候，每天早上都会去爬山，在山顶俯瞰整个济南市。看着眼前的高楼大厦、车水马龙，我时常感慨：这么多房子，没有一间是我的；这么多汽车，没有一辆是我的。刚开始工作的时候，维持爱情的确是非常困难的，因为所有爱情都需要一个固定的场所，都需要一个家。

成年人的社会就是用实力说话。有一次，我们全家一起在外边吃饭。我爱人想吃的一道菜特别贵，好像是 200 元，于是她就问我要不要点那道菜，当时我就说一个字：“点。”但我爱人还是觉得贵，纠结点这么贵的菜有没有必要，我就继续说：“点。”最后当我爱人还在纠结“咱们一顿饭加上这个菜得多少钱”时，我又说了一遍：“点！”她便不再说话了。

三、人生是一场马拉松

大家在毕业参加工作以后，好像特别喜欢说“不”，总觉得自己学什么专业就得干什么专业的事情，别的都不懂，也都不需要做。

小李大学刚毕业，英语还不错，老板拿了一份英文合同让小李帮忙看看，小李却说自己不是英语专业的，看不懂英文合同；公司要和其他部门签合同，合同内容涉及一些法律条文，于是老板就让政法学院毕业的小王帮忙看看，小王却说自己虽然是政法学院毕业的，但学的是艺术专业，看不懂合同里的法律条文。

不管我们是什么专业毕业的，别人需要我们干什么，我们就得干什么。我刚参加工作时，和我同一批的年轻老师有 20 多个，而且都是刚毕业的硕士。那时候我就有一个特点——什么都懂一点儿。计算机需要重装系统，我来；院长办公室的打印机卡纸了，我来；投影仪投不出来影像，我来；院长要做 PPT

（PowerPoint，指演示文稿），要写文字稿，我来。

我在学校工作了一段时间后，济南大学国际教育交流学院的院长给我打电话，问我要不要去他们学校给留学生上课，用英文教材，用英语授课，一个汉字都不能说。虽然我英语还不错，还在英国交流学习过一段时间，但是这和用英语讲数学还是不太一样。所以刚开始我接到这个任务的时候，觉得自己不太可能完成，但我有一个特点，就是我会经常跨出自己的“舒适区”，去挑战没有接触过的事情。于是我就和院长说，用中文教数学一点儿问题都没有，用英文交流也没问题，但用英语讲数学还是很困难，但如果你愿意让我来讲，我会很努力地尝试。

那时我为了备好当天的课，每天早晨4:30起床，定五个闹铃，一直响到5:00，实在无法拖延了才起床，然后一直备课到7:30，才把当天上午的课备好。上课时，如果有一个单词不懂的话，就很容易讲不下去，所以我只能一个字一个字地翻译。就这么熬了一个学期，后来讲课就很顺了，不知不觉就在济南大学给留学生讲了4年课。

工作后一定要快速学习。谁说数学老师不会讲英文？谁说数学老师不会做视频？谁说数学老师不会“讲段子”？谁说数学老师不能做“网红”？没有人这样说过，所以专业的束缚根本就不存在。

我们的人生是一场百米赛跑还是马拉松？我们总感觉自己

的前半生很急，期末考试、中考、高考、研究生考试、公务员考试……每一个阶段都在冲刺。考试的确是百米赛跑，但人生是一场马拉松。同学们每天的学习时间不一定有我每天的工作时间长，我经常早晨 5:30 起来备课。2021 年以前，为了给大家录制视频，我很少晚上 12 点前睡觉，也很少早晨 6 点以后起床，备课到深夜一两点，对我来说是非常正常的事情。

人生的每个阶段其实都很痛苦，成功人士在做报告或者演讲时，对自己付出的努力和遭受的挫折有时会轻描淡写地带过，显得他好像特别厉害，很轻松地就成功了，跟我们都不一样，但其实大多数人都是普通人。

在长跑的过程中，我们要慢慢学会扛起家庭的担子。我有一个“蛋糕理论”——如果我们把自己的蛋糕越做越大，那么哪怕只是给别人切一小块，这一小块对别人来说也是很大的一块了。如果我们一个月只能挣 3000 元，除去房租、伙食费、电话费、交通费，就没剩多少钱了，还怎么把钱分给我们爱的人？

大家一定要知道，我们的父母只会越来越老，爸爸不会永远这么伟岸，有一天他的腰也会被时间压弯；妈妈的头发不会永远这么黑，有一天她也会满头白发。终有一天这个家需要我们扛起来。

大家要发愤图强，勇于承担自己的责任。当有一天父母住院，需要我们马上打 20 万元到他们的银行卡上时；当孩子报辅导班，一周需要交五个辅导班的费用时；当爱人想买一套大一点儿的房子时……我们就会知道中年人和年轻人的生活好像不太一样，自己需要尽快成长起来。

面对现实世界，希望各位同学做好准备，以迎接来自社会和工作的挑战。

工作心法

在不相关的事情中积累工作能力

初入职场的新人总喜欢说一句话："我是学某某专业的，其他与专业无关的事情我不懂。"

办公室的打印机坏了，老板问你会不会修，你赶紧摆手说："我是经济专业的，打印机的事情我不懂啊！"公司的外资项目有外国人到公司商谈合作事宜，老板问你能不能当翻译，你赶紧摆手说："我不是英语专业的，口语不好，我可当不了翻译！"老板说："你的英语四、六级成绩不是挺好的吗？"你马上否认道："我只会考试，从来没有实战过。"

可是，反问一下自己，本专业的事情我们就一定干得了吗？国际贸易专业的毕业生初入职，就能做好国际贸易相关的工作吗？人力资源管理专业的毕业生初入职场，就能负责员工招聘吗？

所以初入职场的新人千万不要以"我是学某某专业的，其他与专业无关的事情我不懂"为理由，拒绝尝试其他工作的机会。

勇敢地走出“舒适区”。如果我们做一个调查，就会发现十几年后很多人从事的工作可能都不是与本专业相关的，甚至可能与本专业相去甚远。就像我工作十几年后，发现自己的大学同学遍布各行各业：银行、医疗器械、证券股票、房地产、政府机关、软件开发……

没有人天生就应该做什么工作，现在流行的反而是“跨界”。

职场新人如果不知道自己将来会吃哪碗饭，那就勇敢地挑战新事物。只要是自己曾经接触过的，哪怕只有一点点了解，也要勇敢尝试，边干边学习，慢慢地就变成行家里手了。我刚参加工作时，同事的电脑经常需要重装操作系统。虽然一开始我也不熟练，但好在我胆子大，勇于尝试，慢慢地，我们单位所有老师的电脑都被我承包了，所有人都知道单位新来了一个会装电脑系统的“小宋”。

职场新人不要总说“我是学某某专业的，其他与专业无关的事我不懂”，而是要说“这件事情我曾经了解过一点儿，我愿意尝试一下”。只要我们勇敢地迈出第一步，离成功就会越来越近。

把爱好变成专长，说不定就能以此谋生。现代社会的分工日益精细，我们的任何一个爱好都有可能转变为终生的事业。在网络高度发达的今天，不必担心我们的爱好被埋没，只要把爱好的事情做得足够好，对别人是有价值的，那爱好就有转变为事业的可能。

况且，爱好是激发内在驱动力的源泉，无论与爱好相关的这件事是免费的，还是有偿的，我们都有动力继续做下去。当然，如果爱好和工作刚好统一，或者有交集，那就太好了。这样我们就多了一个审视工作的新角度，说不定就能开创一条全新的人生道路。

多留意身边不经意的细节，说不定就能发现大商机。我们在小学、初中、高中、大学都有一个习惯，那就是特别信任权威，相信经典。比如，在我们看来，教材应该都是对的，老师讲的也应该都是对的。在求学阶段，我们很少用批判的眼光去审视现有的、深入人心的事物，所以工作以后，我们通常也会觉得现有的流程和工作都是对的，不敢贸然改进。

可是，凡事都不可能完美，凡事都有改进的空间。或许仅仅是流程先后顺序的变化，就能带来工作效率的大幅度提高。在这里，我分享一个自己的经历：我刚开始写书时，书稿还没来得及做最终的审核，就先交给出版社排版了，想着等出版社排版后，我再做最终的修改。但实际上，在出版社排版好的稿件上进行第二次修改的时间成本很高，工作效率也非常低。从那以后，我一定会把稿件完全修改好，再交给出版社去排版，这个细节的改动也大大提高了我的工作效率。

职场新人特别喜欢做大事，总是想着开发一个全新的领域，干别人从来没干过的事，但干大事需要时间的沉淀和积累。反倒是细节的改进和提升，往往能有效提高工作效率。其实由小入大，往往也能干成大事，所以关于细节的任何不足，我们都可以去思考能不能改进和完善。

与时间做朋友，以 10 年后的眼光看待事物的发展。我大概是在 9 年前开始做视频的，那时网络视频还很少，也没有什么“网红”。我也只是凭着个人的爱好，就开始了长达数年的视频创作之路。从第一个视频发布，到达成 100 万粉丝成就，中间隔了 6 年。所以，初入职场的新人在做好眼前工作的同时，也可以适当地展望未来。以 10 年后的眼光来看，现在的工作应该怎么做？或者说，为了 10 年后的事业发展，我们眼下应该做什么准备？

你可能会反驳：“10 年太长了，我连眼下都顾不过来，哪能把那么遥远的事想清楚？”但 10 年真的不长，大家都知道一万小时定律：想成为某个领域的专家，需要一万小时。按照每天工作 8 小时，一周工作 5 天计算，这最少需要 5 年。那么如果我们想利用业余时间完成目标，就得把时间翻倍，这样算下来刚好就是 10 年。

所以我建议大家把每天的时间分成两部分：忙眼前的事和为 10 年后做准备。如果预测准确，且执行力比较强，那中年之后，我们的事业可能就会有突飞猛进的发展。

人生问答

学生：1和0.9999999…比，哪个更大？

大家肯定知道1比0.9，0.99，0.999都要大，那1和0.9999999…比，哪个数字更大？有人可能还是认为1大，但其实1跟0.9999999…是相等的，对此我有四种解释方法。

如果你是小学五年级的小朋友，我就会这样跟你解释："1/3=0.3333333…"，等号两边同时乘以3就得到了"1=0.9999999…"，所以它俩是相等的。

如果你是小学六年级的小朋友，已经学了方程，我们就可以假设"x=0.9999999…"，等号两边同时乘以10，就得到了"10x=9.9999999…"，紧接着上下两式等号两边同时相减，就得到了"9x=9"，最后等号两边同时除以9，就得到了"x=1"，即"0.9999999…=1"。

如果你是学完大学数学的大朋友，就能理解"0.9999999…=0.9+0.09+0.009+…"是一个等比级数，首项a=0.9，等比

q=0.1，根据等比级数的求和公式“$S_n=\frac{a(1-q^n)}{1-q}$”，就得到了“0.9999999…=1”。

如果按照极限的思想来理解，有人会说 1 比 0.9999999…大了 0.0000000…1。那么请问，0.0000000…1 中的“1”在哪里？在无数个 0 之后，所以这个“1”根本不存在，0.9999999…无限接近 1，就是等于 1。

一个很简单的数学问题，其实也可以很有意思。

学生：如何用数学公式或方法向喜欢的人表白呢？

我大一学《解析几何》的时候，有一次老师布置了几道很难的题，但我只用初高中的几何知识就解出来了。老师很高兴，想请我站起来让大家认识一下。但我当时在课堂上走神儿了，老师叫了两遍，我都无动于衷。我当时为什么走神儿呢？因为我当时暗恋中文系的一个女生，课上一直想着怎么用一种特别数学的方式来表达自己的爱慕之意。

有一个美丽的传说，笛卡儿向瑞典公主克里斯汀表白的时候，写了一个函数“$r=a(1-\sin\theta)$”，因为这个函数的图像正好是一个美丽的心形。于是我也在纸条上写了这个函数，递给了暗恋的女生，但我没有画函数的图像，想让她去猜。结果她一脸茫然地看着我，很认真地问："这位同学，你的脑子没有问题吧？要不要去医院看一看？"

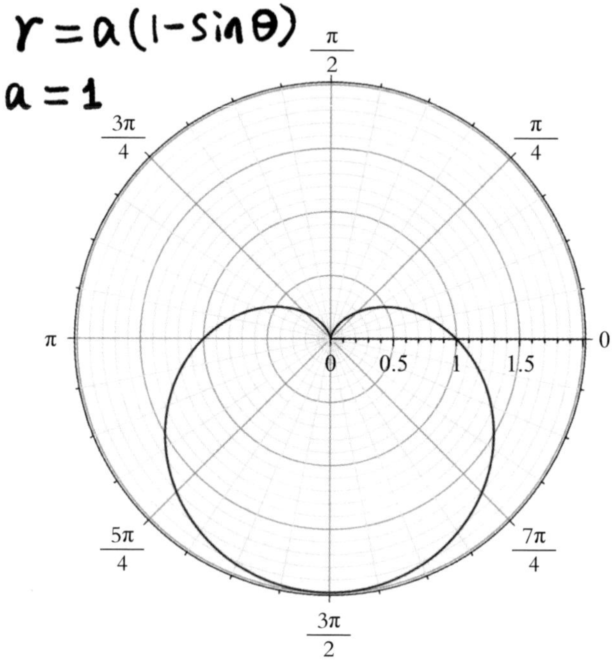

$r=a(1-\sin\theta)$ 图像

用二阶行列式和三阶行列式的定义也可以向喜欢的人表白。二阶行列式的定义是：

$$\begin{vmatrix} a & c \\ d & b \end{vmatrix} = ab-cd$$

你可以如法炮制：

$$\begin{vmatrix} \text{爱} & \text{辈} \\ \text{子} & \text{你} \end{vmatrix} = \text{爱你} - \text{辈子}$$

或者用三阶行列式的定义，因为它的折线法计算方式恰好是一个美丽的心形：

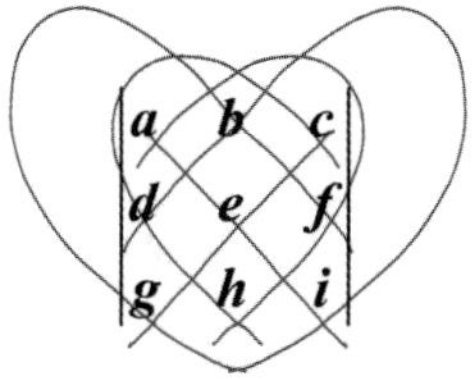

所以，学数学还是有用的，起码能用来表白，尽管有的时候表白未必能成功。

学生：黄金分割在生活中有哪些运用？

黄金分割法又叫 0.618 法，指的是我们在一个线段 AB 中间放一个点 C，如果 $AC:BC=AB:AC$，那么点 C 就叫线段 AB 的黄金分割点。我们可以假设 $AB=1$，$AC=x$，那就得到了一个分式方程 $\frac{x}{1-x}=\frac{1}{x}$，再将其转化为一元二次方程，就可以很容易解出 $x=\frac{\sqrt{5}-1}{2}\approx 0.618$。

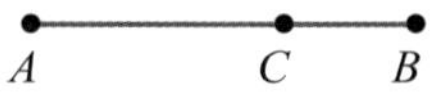

$$\frac{x}{1-x}=\frac{1}{x}$$

$$x^2=1-x$$

$$\frac{AC}{BC}=\frac{AB}{AC} \qquad x=\frac{\sqrt{5}-1}{2}\approx 0.618$$

黄金分割示意图

这个黄金分割比例在生活里有什么用呢？金字塔的底边和高的比是黄金分割比例，名画《蒙娜丽莎》中人物的头部和肩部的比也是黄金分割比例。夏天开空调时，如果按照黄金分割比例，把空调的温度调至人体正常温度的 $\frac{\sqrt{5}-1}{2}$ 倍，也就是22.3℃～22.8℃，那就得到了人体感觉最舒服的温度。女生化妆描眉毛，眉毛最高处占整个眉毛的比例也是黄金分割比例。大家喜欢的韩国的“长腿欧巴”，他们下半身与全身的比也是黄金分割比例。大家为什么不喜欢“短腿欧巴”？因为腿短的人下半身与全身的比达不到黄金分割比例。

说起黄金分割比例，就不得不提华罗庚先生的“优选法”。这是 20 世纪七八十年代在全国曾经大规模推广和应用的方法：以数学原理为指导，合理安排实验，以尽可能少的实验次数，尽快找到生产和科学实验中最优方案的科学方法。如果一个炼钢厂要向钢铁中添加某种化学元素，以提高钢的强度，假设该化学元素的最佳添加量在 0 克与 1000 克之间。如果用最原始的方法，从加 1 克到加 2 克……一直到加 1000 克，这样一次次地试，那就要试 1000 次，实验次数太多，成本太高。但按照“优选法”，先以 618 克和 382 克为添加量各实验一次，比较两者的实验效果，如果添加 382 克的实验效果更好，那就把 618 克到 1000 克的这段数值舍去，这样就一次性排除掉了 300 多种可能性。然后再以 0 克到 618 克的黄金分割点数值为化学元素的添加量做实验，就能通过较少的实验次数，快速找到问题的最优解，节约大量成本。从 1972 年到 1985 年，华罗庚先生带领小组，到全国 27 个省、自治区、直辖市推广“优选法”，在很多领域创造了数以千计的成果，取得了巨大的经济效益，为当时的国家建设节约了大量成本。

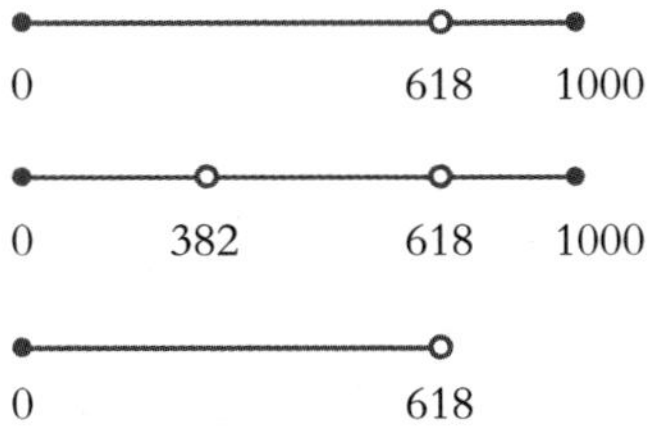

“优选法”示意图

学生：生活中有哪些有趣的数学故事？

先说两个跟“桥”有关的故事。

19 世纪初，一队士兵在指挥官的口令下迈着整齐的步伐计划通过一座大桥，在快走到大桥中间的时候，桥突然塌了，造成了很多士兵跟平民的死亡，事后发现这次事故的罪魁祸首原来是共振。士兵齐步走的频率和大桥的固有频率是一样的，这使得桥的振动幅度加大，最终引发了坍塌。有鉴于此，以后所有国家的军队都禁止“桥震”，即当大队人马过桥时，必须改齐步走为便步走。

另一个与桥有关的故事就是非常有名的“哥尼斯堡七桥问题”。在哥尼斯堡的一个公园里，有七座桥把两个岛和河岸连接起来。有一次瑞士数学家欧拉去当地访问，发现当地居民茶余饭后的一项重要消遣活动就是沿着七座桥散步，尝试从起点出发，不重复、不遗漏地一次性走完所有桥，最后回到起点。

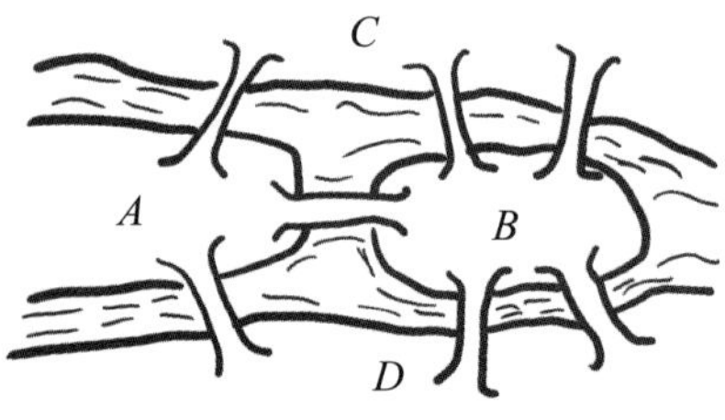

哥尼斯堡七桥示意图

欧拉觉得这个问题很有意思，但自己在公园里走了好几遍也没有成功。毕竟七座桥的所有走法有5000多种，逐一试验将会是很大的工程量。欧拉回去以后，把每一块陆地看作一个点，把每座桥看作一条边，每座桥只能走一遍，即每条边只能经过一次。除起点以外，由一条边进入一个点，再由另一条边离开此点，每经过一个点，都要通过两条不同的边，因此连接任意一点的边数都应该是偶数。可是我们可以看到这幅图上连接 A、C、D 三点的边有三条，连接 B 点的边有五条，连接这些点的边数都是奇数，所以不可能找到一条路，能够不重复、不遗漏地一次性走完七座桥。

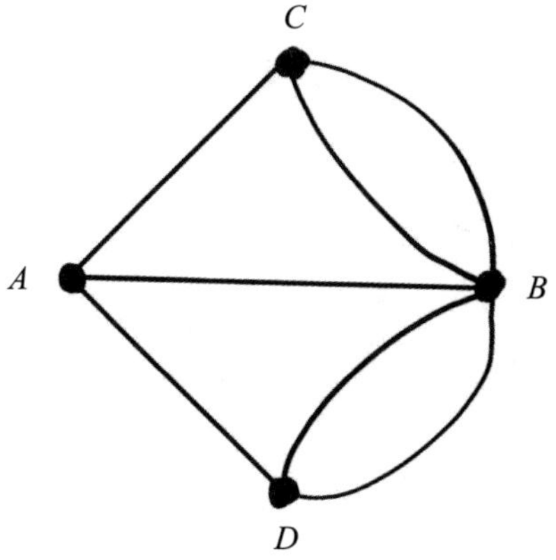

“哥尼斯堡七桥问题”简化图

欧拉把具体的事物抽象成点和边的方法使得问题研究起来更加方便，于是他从“七桥问题”出发，开创了新的数学分支——图论与几何拓扑。

接下来我再说两个跟“点”有关的故事。

我们很多人都用手机，手机信号叫作“蜂窝数据”。为什么叫“蜂窝”，大家有没有想过？手机信号和蜜蜂的窝有什么关系？

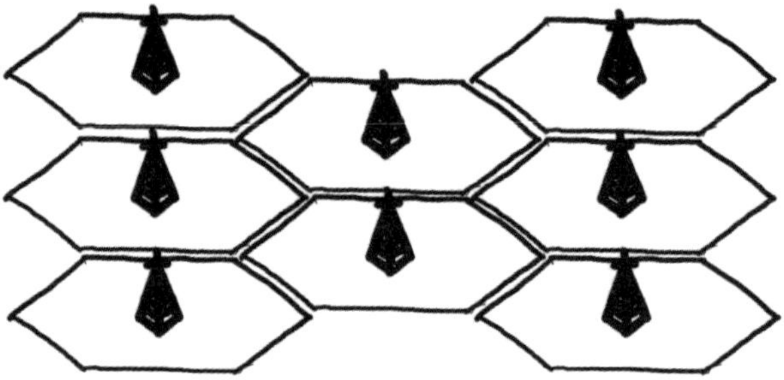

“蜂窝数据”示意图

想增强手机信号就得多修基站，但多修基站就得多花钱，我们怎样才能让信号覆盖所有区域的同时，尽可能少修基站呢？这里有一个数学结论：用相同大小的圆覆盖平面，当圆心处于正六边形中心的时候，覆盖平面所需要的圆最少。也就是说当每个基站位于各自正六边形覆盖区域的中心时，覆盖平面所需要的基站数量最少。而蜂窝的形状刚好是正六边形，所以手机信号就叫“蜂窝数据”，这就是“蜂窝数据”一词的由来。

最早的车牌识别技术是专供交警在执法的时候使用的。近几年随着硬件成本和软件成本的降低，几乎所有商场和小区都实现了拍照识别车牌，不用停车，只需“咔”的一下拍张照片，就能把车牌信息提取出来。

大家可能会说车牌识别这件事应该挺简单的，毕竟车牌上就那么七八位，而且不是数字就是字母，车牌信息不是看一眼就知道了吗？其实用眼睛看和用摄像机看是两件完全不一样的事。大家有没有注意到车牌上有一个白色的小圆点，这个小圆点是由氧化钛和稀土金属等原料制成的。它能够让摄像头快速对焦，拍下清晰的车牌照片，然后通过预处理、边缘提取、车牌定位、字符切割、字符识别这五个步骤，才能把照片中的文字转化为文本。这个过程涉及多种数学算法，像微积分、线性代数、复变函数、实变函数都派上了用场。

车牌上还有一个细节大家平时可能没有注意到，现在的车牌已经没有大写字母 I 和 O 了。这是为什么呢？因为大写的 I 和 O 跟数字 1 和 0 太相像了，识别时很难将它们区分开来。

希望大家喜欢数学，让数学在日常的生活和工作中发挥更大的作用。

学生：如何度过考研这段艰难的时光？

考研、考博以及博士毕业其实超级辛苦。我一直信奉三条原则。

第一条原则，**别人能干的事，我应该也能干**。我读本科时，班里考上研究生的同学大概有60%，所以我始终相信“他能考上，我应该也能考上”。

第二条原则，**我们证明不了自己有多强，但起码能证明自己不弱**。我是班里比较早通过英语四、六级考试的，我的一个同学英语四级考了六次都没通过，却嘲笑我的英文水平也没有多高。我回答他：“通过英语六级考试确实证明不了什么，可你英语四级考了六次都没通过，也证明不了你的英语水平有多高吧。”

第三条原则，**学习不能只停留在学习内容本身，而要让学习成为我们的能力**。很多同学觉得自己只会学习，其他什么都不行。但其实工作以后，我们就会发现学习好的人在工作或者其他事情上表现得也很好。学习不仅仅是学习文化课，更多是学习认真、长期坚持的执行力和专注力。

学生：工作中常常会用到哪些数学思维？

常常有学生问我：“学数学，除了会做题，能考试，还能干什么？”“如果将来不是当数学老师，从事数学的研究工作，或者直白一点儿地说，如果将来从事的工作一点儿数学知识都用不到，那现在学数学还有什么用？”

其实，我们在工作中常常需要用到三种数学思维。

第一种，**逻辑思维能力、推导因果关系的能力是数学能带给我们的最大益处**。经过数学的训练和熏陶，我们说话就会变得有逻辑，能够讲清楚事情的原因和结果。表达也会更清晰，而不是“驴唇不对马嘴”，和别人的沟通不在一个频道上。此外，说话有重点、简洁，做事干练，也能让我们在做报告时不拖泥带水。

第二种，**用确定和不确定两个维度思考万物**。工作和生活中的绝大部分事情都是不确定的：即使降水概率只有 40%，也可能会下雨；即使按时完成工作的概率是 90%，工作逾期未完成的可能性也非常大；即使原计划 6 天就能复习完课程，实际复习也可能需要 10 天；即使是在攻坚战的关键时刻，团队中也总有人会掉链子。这时，只要我们明白这一切的背后都是不确定性在作祟，就能平静地接受意外的发生。

第三种，**目标总是最优的，但结果一般是次优的**。按照美国数学家贝尔曼提出的最优化原理，我们虽然总是在追求目标的最优化，考试时总想考第一名，但实际可能只考了第三名。所以凡事我们只需尽自己最大的努力去争取，即使结果没有达到预期，也不必过于灰心失落。

罗翔

在时间的列车中泰然若素

无论如何，我们所搭乘的时间列车不会因为个人的理性与强大而改变固有的轨迹。接受自己的有限，我们才能宽容他人的不足，进而与他人和解。在《伊索寓言》中，一只野猫变成了端庄娴淑的少女，但当老鼠经过的时候，美貌的少女还是无法抑制内心的欲望，重新变回了狰狞的野猫。每个人的内心都有一头野兽，在指责他人错误的同时，我们需要反思：面对诱惑，自己会不会原形毕露？

罗翔

中国政法大学教授

已出版作品：

《刑法学讲义》

《法治的细节》

《圆圈正义：作为自由前提的信念》

《罗翔讲刑法》

bilibili 账号：

罗翔说刑法

一、人之患在“好为人师”

智者语迟，愚者话多。

教师这个职业，需要说话的地方实在是太多了，很多话说出去，我自己都心虚，因为我自己也做不到。说得越多，我就越觉得自己愚蠢。这个世界有太多人自诩为“人生导师”，但大多像瞎子领路一般，自己都不知道如何正确地过一生，却总是无比自信地以指导他人为己任。

前段时间，我曾经的学生问了我一个问题：“我们读了那么多书，为什么还不知道如何过这一生？”在外人看来，她名校毕业，海外镀金，现在工作体面，收入不菲，但她却想从我这儿寻找人生答案。其实我也不知道答案，因为每隔几天我也会问自己同样的问题。

“人之患在好为人师”，我只想和大家分享自己的思考。这个世界有太多人想要影响别人，但其实人最应该影响的是自己。如果我们的所思所想连自己都不愿意相信并践行，那么我们的言行也就成了纯粹的表演，在欺骗他人的同时，也在欺骗自己。

二、接受自己的有限，宽容他人的不足

无论是否愿意，我们都已经登上了一辆专属于自己的时间列车。如果你足够长寿，列车将在36500天，也就是876000小时，或者说52560000分钟后驶入人生的终点站。人类所有伟大的工程，都在时间的进程中成为废墟。热力学第二定律不仅适用于人类历史，也适用于我们每个人的生命。当大家看完我这篇文章后，你们的人生列车又往终点走了几分钟。

人的有限性在于我们并不知道那些基本词汇的准确含义，这也造成了人与人之间沟通的非充分性。我们说着相同的词汇，但传达的也许是完全不同的意思。我们的善意经常会被人误解为敌意，我们的敌意却往往被人误解为善意。也许误解是人际关系唯一的常态，完全地理解不是变态就是奇迹。“时间”这个词语也是如此，你不问我，我本来知道它是什么；你问我，我倒觉得茫然无知。虽然我们无法真正理解“时间”这个概念，但我们有限

的肉身却不得不乘坐时间的列车。

有人认为时间是循环的，周而复始，开始即为终点，终点也不过是开始。在这样一种时间观念中，没有什么特别的时刻，也没有什么值得纪念的日子。人生的“高光一刻”和暗淡时刻在本质上毫无意义，一切都可以重复。在时间游戏中，生物可以无限续命，生而为人本身就意味着被囚禁于时间的轮回。因为人生的伤心与失望、开心与喜悦在本质上都是虚无，所以对于未来的焦虑也就毫无意义。既然没有意义，又何必为明天忧虑？在时间的轮回中，“心似已灰之木，身如不系之舟”，平生功业也不过如苍蝇般飞回到原点。

有人认为时间是线性的，有始有终，生命的每个节点都意义非凡。我们之所以庆祝生日、节日、毕业日，也许正是受这种时间观念的影响。但线性的时间观念往往让人焦虑，我们总想知道下一个时间节点将会发生的事情。也许人生最大的痛苦就在于想解开明天的未解之谜。人类的有限性让我们无法拥有预测未来的能力，那些自以为能够通神的人，毫无例外都会招致命运的嘲讽与愚弄。很多人都幻想进入时间列车的“中控室”，随心所欲地控制自己或他人的时间列车，但最终都会发现这不过是痴人说梦，坐实自己愚人的本色。

当拿破仑被囚禁于海岛时，他才不得不接受自己不过是命运的奴隶。人只有真正地接受自己的有限性，才能避免陷入求解明天之谜的沮丧。把明天交给命运，从容地过好当下的每个时刻，这是在线性的时间观念中获得自洽的唯一途径。

无论如何，我们所搭乘的时间列车不会因为个人的理性与强大而改变固有的轨迹。接受自己的有限，我们才能宽容他人的不足，进而与他人和解。在《伊索寓言》中，一只野猫变成了端庄娴淑的少女，但当老鼠经过的时候，美貌的少女还是无法抑制内心的欲望，重新变回了狰狞的野猫。在这样一个人人都是演员的时代，我们有谁不是野猫变成的少女呢？

每个人的内心都有一头野兽。在指责他人错误的同时，我们需要反思：面对诱惑，自己会不会原形毕露？

三、真正的功课是与命运和解

“昨天已经成为过去，明天还没有到来，今天则是一个礼物。”每当我陷入恐惧与焦虑，这句话总能给我极大的安慰。明天不过是一个又一个接踵而至的今天，命运早已安排好了明天的站台，等待着时间列车的经过。无论我们是否愿意，只要还有幸拥有明天，就必须经过明天这个站台。

学会平静地接受自己的命运，这样无论高峰低谷，对你而言都将会是平地。终其一生，我们真正的功课就是学会与命运和解。在每一次命运安排的特殊时刻，做正确的事情，也许这本身就是命运所赐予的幸运之福。稳行高处从来都是艰难的，人性本身的幽暗时常会让人从高处滑倒，这在人类历史上屡见不鲜。

人生最辉煌的时刻到来，也就意味着人已经开始走上无可避免的下坡路。至于是平稳过渡到低处，还是仓促落地，这只能听从命运的安排。我并不羡慕任何人在世俗意义上的成功，我羡慕的是那些拥有笃定的原则，并能勇敢地在人生重要关头坚持自己原则的人生赢家。这样的成功人士虽然有自己的坚持，但更离不开命运的恩赐。学会与自己和解，因为人是有限的。我们无须伪装强大，否则恐惧将始终如影随形。

很多人认为只有双方势均力敌，才有讲道理的可能。但如果道理只能由强权背书，那么强权也就成了真理，真理也将随着言说者的力量而变化，这必将走向虚无。在动物大会上，兔子想要发言，狮子打断它说："你的尖牙利齿在哪儿？你有资格说话吗？"在兔子面前自诩强大的狮子，在面对大象、犀牛时，内心是不是也会恐惧不安呢？

亚里士多德的侄子卡利斯蒂尼因为不愿奉亚历山大大帝为神明被判处死刑时，亚里士多德提出抗议，他希望自己的学生不要做出如此荒唐的判决。但亚历山大大帝答复时暗示说，即便处死哲学家，也在他的权限之内。从表面上看，哲学家亚里士多德抗议失败了，但是在时间的长河中，真正影响人类的是亚历山大还是亚里士多德呢？

作为法律人，我始终相信法律要追求公平和正义。这种公平和正义绝非强权的代名词，而是对弱者做到起码的尊重与关怀。公义让人类区别于野兽，没有人拥有完全的理性，所以不用担心人工智能会取代人类，人生的幸福就在于接受自己的不完全理性。理性的毛驴在左右两捆等量的草堆中，无法做出完全理性的选择，最后只能饿死。我们无须成为理性的“布里丹毛驴”（比喻优柔寡断的人），人类的所有选择都是在不完全理性的前提下做出的，因此我们要勇敢地做出选择，并承受相应的后果。虽然所有的选择之后一定会后悔，但后悔无药可解，我们就不要乱吃药了。

茨威格在《昨日的世界：一个欧洲人的回忆》扉页上写有一句话：“让我们泰然若素，与自己的时代狭路相逢。”这句话的德语原文是“Begegnen wir der Zeit, wie sie uns sucht.”（让我们与时代相遇，正如时代寻觅我们）。这可能是德语译者对英文的意译，因为这句话实际上出自莎士比亚的《辛白林》：“Let’s withdraw and meet the time as it seeks us.”。英文原文 Let’s withdraw 实际上是“让我们退下”的意思，所以翻译家朱生豪先生也曾把它翻译为“让我们退下去筹谋应付时局的方策”。但“泰然若素”这个词能给人足够的启发：我们无法选择自己身处的时代，正如我们无法选择自己的出身。每一个时代都有自己的命题，我们只能投身于时代，守素安常，泰然自若，尽好自己的本分。

无数人的时间列车组成了时代的列车，我们没有能力进入“中控室”，安排时代列车的进程，就只能让自己搭乘的列车不至于破败不堪，改变自己才能影响时代。

每个人都有自己的命运，都有自己的主业与副业。我时常感到羞愧，因为我的副业好像远比主业做得好。丈夫、父亲、教师、视频“UP 主”，好像越是副业，我投入的时间反而越多。我们并不知道自己的一生会有何种成就，但所有成就的取得不应该仅仅是为了满足个人的野心，还应为了对他人有所帮助，有所祝福。

尽人事，听天命。命运会赋予每个人独特的精彩之旅，每个人也都有应尽的本分。有一个父亲告诉孩子们他在葡萄园的某个角落里埋了一大堆金子，孩子们翻土刨地忙得不亦乐乎，然而就是没有发现金子。但由于葡萄秧苗周围的土地得到了翻动，葡萄园迎来了前所未有的丰收。当然，命运也给我们埋了一大堆“金子”，期待我们的努力耕耘。

从前，有一个年轻人走上了未知的探索之路，临行前，他向智者请教如何克服对未知的恐惧，智者给了他三个锦囊，让他在有需要的时候打开。不久之后，他遇到了挫折，准备放弃，就打开了第一个锦囊，锦囊中写着“谦卑”，年轻人想了想，觉得智者也许是在告诉他挫折会让人学会谦卑。他突然感慨自己何德何能能够走到今天，一路上见到了许多人一生都没有见过的广袤世界，感恩之心驱散了内心的沮丧，他重新走上了探索之路。

后来他获得了巨大的成功，成了万众瞩目的焦点，在众人的掌声中无比陶醉，准备开启纸醉金迷的人生。这时他下意识地打开了第二个锦囊，锦囊中写着“谦卑”。仿佛有桶冰水从头上浇下，他从春风得意中冷静下来，意识到智者也许是在提醒他不要乐极生悲，成功大多只是命运的成就，与个人能力没有太大的关系。所以他没有被暂时的成功欺骗，又重新走上了探索之路。第三个锦囊他还没有打开，你觉得锦囊中会写着什么呢？

工作心法

你要看得起自己

近几年，媒体好像每年都在报道“史上最难就业季”，这让我想起自己在二十多年前找工作的经历。1999 年我本科毕业，大年初四就去了广州找工作，待了近一个月。那时候还没有通过网络投递简历的说法，我只能一个区一个区地跑，一家单位一家单位地找，面试了很多法院和检察院，最后都没看上我。

我想和同学们分享一些自己的职场心得，这些内容或许有些老生常谈，但都是我的真切体会。

1. 找工作自己要积极

我们只能决定自己的行为，至于别人给不给我们机会，这不是我们能够决定的。所以无论是 1999 年本科毕业，2002 年硕士毕业，还是 2005 年博士毕业，我都非常积极地找工作，只要是我想去的单位，我都投了简历。

我们要珍惜每一次面试的机会，把每一次面试都当作一场考试，积极地准备自我介绍，简历也尽可能地做得精美，尽量全面地展示自己，这样才能不留遗憾。

2. 从小事做起，不好高骛远

在找到工作后，我们常常感到痛苦和焦虑，因为自己喜欢跟人比较。本来觉得自己的 offer 已经很好了，结果发现别人的 offer 好像更好，于是就会陷入自我怀疑：凭什么他找的工作比我好？凭什么我会不如他？

这种比较在很多时候是非理性的，因为人无论做什么选择，都一定会后悔。人本身就是一种无法充分理性的存在，在选择后遇到阻碍，我们一定会想："如果当初我选择的是另一份 offer，会不会就能轻松一点儿？"

正确的做法是选择了就不要后悔，也没有必要去跟别人比较，因为我们不一定能准确判断职业的好坏。更何况每个人都有自己的剧本，我们没必要羡慕别人，羡慕也没用。当一份工作选择了我们，我们就一定要尊重这个机会，不要好高骛远。

3. 尊重自己才能尊重他人

人这一生可能只有 5% 的事情是我们自己能够真正决定的，我们决定不了出身，决定不了智商，也决定不了这一生中有无贵人相助，所以我们要尊重和感恩每一次机会。很多人都有一种干大事的心智，不喜欢干小事，但当我们有了工作机会，即使是小事，也要努力干好，一定要珍惜这次机会。

很多年前，我曾向某家单位推荐过一名学生。后来同朋友吃饭的时候聊起来，他跟我吐露了心声：小伙子看起来挺精神，但对领导缺少基本的礼数，发给领导的邮件没有署名和缘由，只有附件，领导都不知道该不该打开；电梯里遇见领导，不知道是因为害羞还是其他原因，从不打招呼问好。所以很多时候，人与人比的根本不是特别高深的能力，而是基础能力，比如是否能够发自内心地尊重他人。因为人要尊重自己才能尊重他人，自卑和自傲其实是一枚硬币的正反面。

很多时候，一个自卑的人会表现为自傲，而一个自傲的人会表现为自卑，问题的关键是你要看得起自己。你看得起自己，才能够大大方方地做事：在邮件里清楚地写明缘由，有标题有问好；在电梯里礼貌地打招呼。你不要因为自卑，而不好意思打招呼；也不要因为自傲，觉得“我凭什么跟你打招呼”。这些基础的能力，都是我们需要注意的。

我刚参加工作时，父母就告诉我上班不要迟到，要提前到岗。于是我每天早上 6 点就出门，从北京城南跑到七十多公里外的昌平，到了单位就开始擦桌子、打水。父母教导我：“不要觉得做这些事是在伺候人，同事比你进公司早，我们应该发自内心地尊重他们。”

说实话，这些都是老生常谈，但**真理一定都是老生常谈，通常都是陈词滥调**，相信大家也听烂了。**新鲜的道理通常都是危险的，而且很可能是有害的。**

毕业季来临，我们可能对未来充满了焦虑和恐惧，但焦虑于事无补，它改变不了明天，反而会影响我们今天的心情。斯多葛学派的代表人物爱比克泰德曾说："对于不可控的事情，我们要保持乐观；对于可控的事情，我们要保持谨慎。"对于能否找到好工作这种不可控的事情，我们只能尽力而为，用乐观、开放的心态去接受人生的每一个剧本。对于可控的事情，我们要保持谨慎和节制，不整天抱怨，也不放纵自己的激情，而是合理安排好每天的时间。

祝各位同学都能够找到好工作，也祝各位已经参加工作的同学能够愉快地对待自己所从事的职业，诚实地对待自己，演好当下你所拥有的剧本。

人生问答

学生：校园跟社会的本质区别是什么？

在本质上并没有太大区别，因为校园并不是纯粹的“象牙塔”。校园也不过是社会的一部分，只是我们赋予了校园许许多多的美好。大学是什么？大学的英文是 university，其中一个组成部分是 unity，就是所谓的“共向”，需要坚守一种共向的价值观。同时，大学的另一个组成部分是 diversity，是“多元”的意思，它体现着大学对多元的尊重。我觉得大学就是一个城市的“光”，首先，它有一个 unity 的坚守；其次，因为这个坚守，我们能够求同存异，尊重各种声音。

很多同学步入社会后，发现现实并没有想象中那么美好，这可能是一种理想跟现实的冲撞。我想说的是，美好是存在的。**正是因为美好的存在，我们才能容忍不美好的现实**。从逻辑上看，如果你生活中的一切都万般美好，那你也就感受不到美好了。

学生：考研对人生意义的重要性大吗？

人生中唯一确定的事情是人生的不确定，因为我们无法找到一种确定性。当我们做出了选择，而这种选择又让我们处处碰壁、处处不爽时，我们就会怀疑之前的选择是错误的，于是又会投入另外一个选项中。但这之后，我们会发现这个选项的结果也没有想象中那么美好。

人生就是在不断地后悔自己没有做另一个选择。这样一种不充分的存在，让我们不可能获得一种完美理性的选择，我们必须学会接受这样一种有瑕疵的选择。**我们这一生中最大的智慧就是在一个不确定的世界中如何寻找到一种相对的确定性。**所以从这个角度而言，工作和考研本身都是选项而已。但是如果你没有这种智慧的话，那么无论你做出哪种选择，最终依然会活在焦虑之中，在茫然之中，在攀比之中，在争斗之中，在每天的惶恐和抑郁之中。

身边的人考研，我也考研；身边的人考公务员，我也考公务员。不知道自己喜欢什么，所以就随波逐流。但是你看，自然界中什么东西会随波逐流？是掉在溪水中枯死的叶子。死掉的东西一定是随波逐流的，只有活着的东西才会抗争。心死为忙，为什么大家那么忙？因为我们在忙乱中忘记了自己还活着。

人生中更重要的是智慧，不是知识，而人类的智慧是需要用一生去追逐的。

学生：初入社会，学生必备的基本特质是什么？

我并不是人生导师，我只能分享我从自己的成长经历中吸取的一些教训。

第一个必备的基本特质是谦卑，因为人的本性就是骄傲和傲慢。人总是以自我为中心，这是不快乐的根源。一个真正有韧性的人，他的姿态一定是谦卑的。正如它的英文单词 humble 是由两个单词拼接在一起的：一个是 hum，最常见的相关词汇是 human（人类），后一个是 ble，最常见的相关词汇是 able（有能力的）。在我个人看来，真正“谦卑”的人才能发挥作为“人”最大的“能力”。所以，我认为谦卑是一种极其高贵、极其难得、极其不易的品质。

第二个必备的基本特质是尊重，对他人有同理心。这种同理心，在很大程度上需要我们把内心某些坚硬的东西磨得圆润一点儿。与此同时，内心依然要有自己的坚持和坚守。“察言观色”似乎是一个贬义词，但我们能够把这种贬义中性化，意思就是对他人的尊重。当然，我们这里说的察言观色绝不是奴颜婢膝式的察言观色，也不是不讲原则的察言观色，而是一种同理心。学会这种“察言观色”，就是人生的一种慢慢成长。

学生：会被别人讨厌的特质有哪些?

傲慢和分裂。

谦卑的反面就是傲慢，我们经常会觉得别人非常傲慢，别人的傲慢会让我们反感。但是我们往往在不自知的时候，也充满了傲慢。**我们无比地厌恶他人的傲慢，但又无比地放纵自己的傲慢。**当我们被他人讨厌的时候，要反省一下自己是不是有“傲慢”这种特质。

分裂是指价值观的不同。我们为什么总是随波逐流，因为我们没有自己的价值观。我看过保罗·柯艾略的《我坐在彼德拉河畔，哭泣》，书中有句话深深地打动了我，他说：“分裂的王国是无法抵御强敌的，而一个分裂的人也将无法尊严地面对生命。”

虽然现在是一个多元化的时代，但是作为个体，我们依然要有自己的坚持，有自己的坚守，正如英国作家切斯特顿所说：“一个开放的社会和一张开着的嘴巴一样，它在合上的时候要咬住某种扎扎实实的东西。”

学生：你讨厌自己身上的哪些特质？

虚荣、虚伪和虚无。

我时常能够感受到自己的虚荣，这也是我一生要与之斗争的特质。一个虚荣的人会表现得虚伪，一个虚伪的人如果能够做到彻底的虚伪，那他的价值观就是虚无主义，但虚无主义在逻辑上是不自洽的。虚无让人痛苦，虚无的人也寻找不到人生的意义。因为当你认为这个世界没有意义的时候，你就受到了虚无主义的影响，所以我一直在跟这“三虚”做斗争。

学生：如何理解“勇敢”这个词？

我觉得勇敢是最高级的词语，因为我还不够勇敢。

在人类所有美德中，勇敢是最稀缺的。什么是勇敢？我们所谓的勇敢一定不是莽撞，一定不是有勇无谋，而是一种合乎中道的勇敢。所谓“合乎中道的勇敢”就是你要认定什么是你所持守的，什么是你所坚定的，在这样一个持守和坚定的前提下，你能够勇敢地为之而前进。

我个人认为自己最大的问题就是，我知道什么是对的，但是我始终不敢勇敢地去坚守自己认为是对的东西。

学生：如何看待身边的人越来越功利？

每个时代都有每个时代的焦虑点。

从某种意义上讲，每个时代的人都有各自的焦虑点，焦虑的感觉不一样，但在本质上却是相同的——不知道如何过好一生。什么叫作“好”？“好”就是这件事值得去做，而且通常能带来好的结果。我也希望大家都能够拥有体面的一生，但问题在于，当我们的那些欲望被满足时，我们真的能够快乐吗？

《娱乐至死》的作者提醒我们：我们终将毁于我们所热爱的东西。所有那些看起来很爽的东西，都只是瞬间的满足。而人类所有真实的快乐，一定源于恒久的努力。

威斯敏斯特教堂埋葬着很多英国名人，莎士比亚葬在那儿，牛顿葬在那儿，很多国王也葬在那儿。但有一个无名墓碑上刻着这样一段话：“当我年轻的时候，我的想象力从没有受到过限制，我梦想改变这个世界。当我成熟以后，我发现我不能改变这个世界，我将目光缩短了些，决定只改变我的国家。但是，我的国家似乎也是我无法改变的。当我进入暮年后，我发现我不能改变我的国家，我的最后愿望仅仅是改变一下我的家庭。但是，这也不可能。当我躺在床上，行将就木时，我突然意识到：如果一开始我仅仅去改变我自己，然后作为一个榜样，我就可能改变我的家庭；在家人的帮助和鼓励下，我可能为国家做一些事情。然后谁知道呢？我甚至可能改变这个世界。”

很多时候我们很难改变环境，只能改变自己。所以人最需要去对比的是谁？不是别人，而是自己。

学生：如何面对“我们变成了自己讨厌的样子”？

我们无法忍受生活的荒谬，总是希望生活是有意义的，但目力所及之处时常会有一种荒谬感和无序感。我们觉得自己每天都像工蜂一样忙乱，但又不知道在忙什么，为了生活和工作上的顺利，变成了自己讨厌的样子。

所以回答这个问题的关键其实是我们内心的持守。内心有了自己的坚持，我们也许就能回答这个问题。当我们感觉活成了自己所厌恶的样子，那就要反躬自问：“我坚守的东西是什么？我心目中的 good（好）究竟是什么？”如果这两个问题没有解决，那上述问题可能就没有答案。